H 行业战略·管理·运营书系

北京市哲学社会科学重大项目"北京市生活垃圾减量化对策研究"资助本书的出版

城市生活垃圾全过程减量化理论与实践

■ 周飞跃 张 翱 勾竞懿 编著

知识产权出版社

全国百佳图书出版单位

图书在版编目(CIP)数据

城市生活垃圾全过程减量化理论与实践 /周飞跃、张翱、勾竞懿编著. —北京:知识产权出版社,2017.9

ISBN 978 - 7 - 5130 - 5136 - 1

Ⅰ. ①城…　Ⅱ. ①周…　②张…　③勾…　Ⅲ. ①城市—垃圾处理—过程控制—中国　Ⅳ. ①X799. 305

中国版本图书馆 CIP 数据核字 (2017) 第 225338 号

内容提要

本书针对城市日趋严重的生活垃圾问题,聚焦城市生活垃圾减量化主题,依据全过程减量化主线,围绕城市生活垃圾全过程减量化的三大命题:理论依据、系统模型和最佳实践,开展城市生活垃圾全过程减量系统动力学分析,论证了短期应当优先重视中间减量,长期应重视源头减量,终端减量要常抓不懈,呈现对我国城市生活垃圾减量化相关问题的系统回答。

本书适合城市与循环经济的研究者、管理者,以及相关专业的学生和从业人员阅读、参考。

责任编辑:荆成恭　　　　　　　　　　　责任校对:谷　洋

封面设计:刘　伟　　　　　　　　　　　责任出版:刘译文

城市生活垃圾全过程减量化理论与实践
周飞跃　张翱　勾竞懿　编著

出版发行:知识产权出版社 有限责任公司　　　网　　址:http://www.ipph.cn

社　　址:北京市海淀区西外太平庄 55 号　　　邮　　编:100081

责编电话:010 - 82000860 转 8341　　　　　　责编邮箱:jcggxj219@ 163. com

发行电话:010 - 82000860 转 8101/8102　　　　发行传真:010 - 82000893/82005070/82000270

印　　刷:三河市国英印务有限公司　　　　　　经　　销:各大网上书店、新华书店及相关专业书店

开　　本:720mm × 1000mm　1/16　　　　　　印　　张:12

版　　次:2017 年 9 月第 1 版　　　　　　　　印　　次:2017 年 9 月第 1 次印刷

字　　数:186 千字　　　　　　　　　　　　　定　　价:39.00 元

ISBN 978 - 7 - 5130 - 5136 - 1

前　　言

城市生活垃圾问题是我国城市化发展中的关键问题之一，减少城市生活垃圾总量已经成为城市发展亟须解决的战略课题。推动城市生活垃圾减量化，既具理论意义，更具现实作用。

本书运用系统动力学理论和方法，对城市生活垃圾进行全过程多级减量分析，主要研究如下：①我国城市生活垃圾减量化现状与问题；②城市生活垃圾全过程多级减量化相关理论；③构建城市生活垃圾减量化系统动力学模型及政策；④国内外城市生活垃圾全过程多级减量化最佳实践。

通过上述研究，本书得出以下主要结论：①城市生活垃圾问题具有系统性和多主体特性；②城市生活垃圾影响因素链条有逐级传递和反馈关系；③对城市生活垃圾进行全过程综合调控能产生最佳的减量化效果；④中间减量优于源头减量，源头减量优于末端减量；⑤价格（生活垃圾收费和生活垃圾回收价格等）是影响城市生活垃圾减量的重要因素；⑥国家相关法律体系的形成对全过程生活垃圾减量化有十分显著的指导和监督作用。

本书主要创新之处：①构建了城市生活垃圾形成与减量化系统动力学模型；②首次构建了以生活垃圾总量为核心的减量化效果评价体系；③依据城市生活垃圾系统动力学模型开展了政策的情景模拟。

上述创新对城市生活垃圾问题的解决具有重要的理论指导价值。同时，本书还提出了科学地制定城市生活垃圾计量收费制度、改进生活垃圾处理技术等政策建议，对相关部门决策具有重要的决策参考价值。

本书由北京信息科技大学教师周飞跃及硕士研究生张翱和勾竞懿编著，本书的出版受到北京市哲学社会科学重大项目《北京市生活垃圾减量化对策研究》的资助。

目　　录

第 1 章　绪　论

1.1　问题提出和研究意义

1.1.1　问题提出

近年来，在城市化进程加快、消费规模迅速增加的同时，城市生活垃圾问题日趋严峻。

以北京等市为例，作为特大城市，人口规模不断增大，2016 年末北京市常住人口达到 2172.9 万人，实现总消费 2 万亿元。令人担忧的是，城市生活垃圾数量也在不断增长，每天产生城市生活垃圾 1.84 万吨，如果用装载量为 2.5 吨的卡车来运输，这些卡车连成一串，能够整整排满三环路一圈，每年生活垃圾清运和处置量巨大。还有一些城市生活垃圾由于乱堆乱放得不到及时处理而造成"垃圾围城"，也成为普遍现象，特别在中、小城市更为明显。

从全国来看，如何管理城市生活垃圾，已经成为关乎城市能否持续发展的战略课题。当前生活垃圾"减量化、资源化、无害化"已成为学术界和社会关注的热点。目前，我国城市多数还停留在城市生活垃圾填埋、投资兴建焚烧厂的末端治理阶段。现在主要聚焦资源化、无害化的探索，例如，向居民宣传生活垃圾分类，推动城市生活垃圾分类以提高资源化利用水平，以及填埋场清洁循环利用以降低生活垃圾场对环境的损害，等等。总体来看，对首要的从源头避免城市生活垃圾产生的"减量化"则探索不足。

相对于生活垃圾"资源化"和"无害化"而言，"减量化"可以从源头避免产生，或者能够资源化和无害化，将有效地减轻城市环卫系统

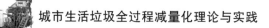

的压力，缓解我国资源的紧缺和环境的压力。呼应广大市民对城市净洁环境的强烈要求，必须走出过去"生活垃圾产生后再被动处理"的传统方式，走向调动广大市民力量从生产消费前端就开始减少生活垃圾生产的主动预防模式。因此，亟须厘清"减量化"推进中的难题，为我国城市从源头上解决生活垃圾问题提供决策思路与科学依据。

城市生活垃圾减量化是一项复杂的社会系统工程，涉及从城市生活垃圾产生之前的生产到最终处理的全过程，受政治、经济、法律、科技、文化等多种因素的影响。为此，需要开展两个方面的工作，一是在宏观层面上，从城市战略甚至国家战略上予以高度重视，统摄力量，推进生活垃圾减量；二是在微观层面上，对生活垃圾的全过程进行分级分析，了解每一级的现状与存在的问题，然后每个主体有针对性地分别开展减量化工作。上述两个层次工作的协同，是从根本上解决城市生活垃圾问题的方式。

结合我国城市情况，尊重城市生活垃圾从产生到处理、从处理到循环再利用的全过程逐级推进的规律，寻找城市生活垃圾减量化的科学途径，是提出我国城市生活垃圾减量战略与策略的基础，对我国清洁、绿色城市建设具有重大意义。

1.1.2 研究意义

从环境保护的角度来讲，我国仍然有大量的城市生活废弃物没被有效回收使用，不仅引致了资源的大量浪费，而且带来了很严重的环境问题。我国城市生活产生大量有再生价值的废弃物未经系统回收、再使用，而是直接露天堆放或者卫生填埋，占用大量宝贵的土地。目前，因为我国生活垃圾产生者未进行全面的源头分类，主要是拾荒者只能从混合废弃物中找到可回收物，带来了严峻的安全、环境和卫生隐患。

从经济转型的角度来讲，我国正处于从经济粗放式发展方式向集约式、循环型经济模式转变的关键时期，可持续发展观向经济转型提出基本要求。循环型经济强调生活垃圾的减量、资源的循环再生，一则可以提升经济发展质量，二则是保护环境和降低污染的基本途径。发展循环型经济除了要求在企业内部和企业间资源循环再利用与垃圾最小化，也要求对产品使用过程中产生的城市生活垃圾进行回收和再利用，这是资源循环再利用最早的且应用最为广阔的实践领域。

从城市生活垃圾管理的角度来讲，目前国内多数地区城市生活垃圾回收再利用工作停滞于不规范和盲目状态。未真正形成产业化运行模式，没有充分发挥生活垃圾综合再利用在国家经济和社会可持续发展中的作用。相比工业生活垃圾，城市生活垃圾数量大而且面广的特征使对其进行管理的难度较大。怎样从源头提升国内城市生活垃圾的回收和利用比例，从多个环节降低回收再使用的成本是我国城市管理面临的重要课题之一，也是本书的研究意义所在。

本书以城市生活垃圾减量化为目标，基于城市生活垃圾全过程减量化的理论，探讨城市生活垃圾全过程多级减量化及影响因素，围绕生活垃圾减量各个环节的优化及协同，为环境保护和循环经济转型提供最佳实践，推动清洁城市发展。

1.2 国内外相关文献综述

1.2.1 城市生活垃圾概念

生活垃圾通常被定义为对拥有者无用而丢弃的物品或材料（Tchobanoglous et al，1993；Bilitewske et al，2001）。根据建设部（2004）的定义，生活垃圾是"人类在生活活动中产生的，对持有者失去继续保存和利用价值的固体物质"。在 2004 年修订的《固废污染环境防治法》中，"城市生活垃圾"是"城市日常生活或者为城市的日常生活提供服务的活动中产生的固体废弃物及法律或者行政法规当作城市生活垃圾的固废"，这一定义与《环境卫生术语标准》中的定义基本一致，不同之处仅在于对废弃物产生地域的限定上。本书所讨论的"城市生活垃圾"即依如上政府文件定义的"生活垃圾"或"城市生活垃圾"（即当生活垃圾产生于城市的情况下），不包括工业固体废弃物、建筑生活垃圾、医疗生活垃圾等特种生活垃圾。

有关城市生活垃圾的分类，EPA（美国环保部，2008）将生活垃圾分为有机生活垃圾、有毒生活垃圾、可回收生活垃圾和已污染生活垃圾 4 大类。2004 年建设部的《分类及其评价标准》把城市生活垃圾分为可回收物（纸类、塑料、金属、玻璃、织物）、大件生活垃圾（家具、家电）、可堆肥生活垃圾（厨余生活垃圾、餐厨生活垃圾、园林生活垃圾）、可燃生活垃圾（植物类、不宜回收的纸类、塑料、织物、木料）、有害生活垃圾和其他生活垃圾。这两种分类方法都是按照生活垃圾的物理、化学和生物等自然属性，或者理想的处理方式来分类的。另一种分类方式是按照相对于持有人的经济价值，将生活垃圾划分为有用物、可回收物和混合生活垃圾，充分考虑这一因素可以帮助生活垃圾管理的各相关方（政府部门，产品生产者、使用者和废弃者）区别对待不同种类的生活垃圾，其中有用物（指还有继续使用价值、不必进入回收程序的物品）应通过"二手市场""旧物交换"等方式，继续发挥其使用价值，可回收物应该尽量回收并循环利用。

1.2.2　城市生活垃圾管理

城市生活垃圾管理一般从经济学、社会学和管理科学的视角进行研究。由于城市居民城市生活垃圾种类诸多、构成复杂、回收利用涉及诸多方面，有关统计资料不够翔实和可靠，因此现在从社会、经济、管理的视角分析城市生活垃圾管理主要聚焦在回收的必要性，以及各地城市生活垃圾再回收利用政策效果为分析目的。这些研究将为生活垃圾减量化的深入讨论提供一个较好的理论基础。

对生活垃圾问题的理论研究包括模型和工具研究。这包括了 Walsh 等对消费中的可持续和不可持续的资源利用率的定量分析，确定可持续状态下的资源利用限额[1]；Kaplan 等综合考虑时间、空间、生态学和经济方面的影响，融合生命周期评价、多维优化选择[2]、地理信息系统等多种方法对生活垃圾进行战略管理的生态经济学模型研究[3]；Wu、Huang等通过指数函数方法分析生活垃圾管理系统的规模经济成本[4]；运用系统动力学模型（存储和流动量组成）预测城市生活垃圾产生量（Dyson，Chang，Karavezyris，Sufian，Bala）[5-7]；Huhtala 通过优化控制模型确定回收和填埋的物质及社会成本，模拟模型用以优化决策方案[8]。许多学者还对生活垃圾的填埋和焚烧带来的各种污染和机能障碍问题与外部性成本作了关联研究，这些都为决策过程提供了有效支撑。

1.2.3　城市生活垃圾减量化

城市生活垃圾的迅速增长已成为各国经济发展的一种阻碍。发达国家和发展中国家均高度重视解决城市生活垃圾的污染和减量，因此，围绕城市生活垃圾减量问题的研究内容较为丰富，既包括生活垃圾减量化方案的研究及开发，也包括生活垃圾减量政策效果的研究。

城市生活垃圾的减量化是指接受城市生活垃圾处置服务的人口通过源头（家庭、办公室等）分类（厨余、可回收物、其他生活垃圾），减少生活垃圾清运量。其中，可回收物进入回收再利用系统；厨余进行饲料、堆肥等再利用；其他生活垃圾由卫生填埋场或焚烧厂进行无害化处置。减量化是在无害化目标基础上的更高要求，城市生活垃圾减量可以减少进入生活垃圾填埋场或焚烧厂的生活垃圾量，节约处置成本。

城市生活垃圾减量研究大致可以分为两个阶段，第一个阶段是从传统的城市生活垃圾污染治理角度出发的，有关于生活垃圾运输机械、处理设施、处理工艺等以技术为主的研究；第二个阶段是从城市生活垃圾污染的防治方面出发，即在生活垃圾产生的源头进行有效的控制和管理，大幅度减少生活垃圾的产量，减轻后续处置压力，包含生活垃圾管理体制、法律法规和政策等以管理为主的研究。近年来，国内外对于生活垃圾管理和处理的研究范围和内容日趋广泛和深入，在生活垃圾减量化、资源化、无害化等方面均取得一定研究成果。

进入 21 世纪以来，城市生活垃圾处理的对策视点开始转向对减量化的关注，在此期间，该领域出现了一系列的科研成果。K. L. Wertz 发表了"经济因素影响家庭产生生活垃圾"[9]，在这一研究中，简单对已执行过计量用户收费的旧金山和未应用该制度的其他的美国城市废弃物平均排放量对比，推演出计量用户收费提高百分之一可减少万分之十五的生活垃圾排放。R. R. Jenkins 出版的专著《固体废物减量经济学：用户计费影响》中，运用比较复杂的数量经济分析方法及丰富的数据详细研究了计费用户收费制度的效果[10]，所以是这一研究领域中重要的贡献。D. Fullerton 和 T. C. Kinnaman 先后在其发表的两篇文章"生活垃圾、回收与非法焚烧或倾倒"与"家庭对计量收费的态度"提出了这样一个观点，那就是在存在非法倾倒时，用户计费制的效果将收效甚微以致起反作用[11-12]。T. M. Dinan 发表的"可选择的几种废物处理减量策略的经济效益"对退还押金在理论上做出了深刻研究[13]。在这一研究领域中还有 H. A. Sigman 发表的"铅回收的公共政策比较"[14]，K. Palmer 和 M. Walls 发表的"固体废物处理的最适政策：税收，补贴和标准"[15]，以及 K. Palmer，H. Sigman 和 M. Walls 共同发表的"城市生活垃圾减量的费用"等文章[16]，这些研究均是这一领域的代表作。最近几年 M. Walls 及 K. Palmer 等开始对废弃物减量综合决策进行分析，"可供选择的策略的经济评定"和"上游污染，下游固废整治和综合环境决策制定"的发表标志着下一步研究的发展方向[17]。

在关于生活垃圾减量与回收经济管理决策上，研究者也进行了大量的工作。美国学者 Fullerton Don 和 Tom Kinnaman 研究了按量计费策略对居民生活垃圾排放量的影响[18]。对美国 Virginia 州立大学和 Charlottesville 市的生活垃圾收费之后，家庭排放生活垃圾重量平均减少 14%，体积降低 37%，回收量提高 16%。美国学者 Lisa A. Skumatz 和 David J. Freeman 研究收费决策给出以下结果：按量计费大致可降低 17% 的废弃物排放，1/3（约 6%）是由于再次回收，1/3（约 5%）是由于堆肥，1/3（约 6%）是由于源减量或废弃物防治。按量计费促进生活垃圾减少排放效果明显[19]，某些研究者利用按量计费的应用数值对两者数量关系做了计算与验证。使用按量计费方法后，生活垃圾排放明显减少是有另外的原因的，例如分类收集促进、回收网络完善化。

国内外学者还开展了更为广泛的心理、社会经济因素对人类行为影响的研究。心理学研究主要通过个人行为的口头自我陈述（以问卷或访谈形式）与实际行为对比来评价人们的回收态度[20]。社会经济学方面与回收相关的因素有消费方式、教育程度、性别、年龄和收入[21]。

国内学者在进行城市生活垃圾减量化的研究中，从循环经济视角起始调查了废弃物的相关问题。张宏艳（2010 年）从循环经济视角研究城郊城市生活垃圾的处理，突出在实物流动全程调控资源使用及污染生成，贯彻减物质化第一位的要求，其中减量即每个商品与服务生产和使用过程减少占用资源[22]。叶青（2010 年）从产业结构调整出发略谈了一下资源使用的减量、再生和循环[23]。

总而言之，现阶段生活垃圾减量涉及领域广泛，包括回收体系、资源再利用及垃圾处理手段和垃圾处理产业化等领域。其中，大量的工作仍然集中于生活垃圾回收之后的处理。城市生活垃圾管理及相关工作要进一步拓展，从对生活垃圾管理的末端减量、全局分析，向更具体和可操作专业领域发展。生活垃圾处理前的生活垃圾减量化也成为更前沿的领域，亟须城市生活垃圾全过程减量化的理论指导和最佳实践示范。

1.2.4　城市生活垃圾全过程多级减量化

在生活垃圾处理和管理的理论探讨和实践经验逐步深入的同时，城市生活垃圾全过程管理的理念和环节分析的方法由于符合系统化的观点，适应可持续发展和循环经济的要求，得到越来越多研究者和管理者的认可，目前已成为理论研究和实践的热点领域。

对城市生活垃圾的全过程划分环节来进行分析，目前主流的是划分三个环节来分析，也有研究者划分为两个或七个环节。学者周末（2004年）将城市生活垃圾的生命周期全过程划分为三个环节，其中源头过程指产品变成生活垃圾之前，中间过程指产品变成生活垃圾后到最终处置前，末端过程指不能回收的生活垃圾的最终处理处置的过程，相应有三个减量化的子系统，赵岩、陈海滨、刘建和左浩坤（2011年）也将城市生活垃圾的全过程划分为相同的三个环节进行分析。黄敏（2011年）将城市生活垃圾的全过程划分为两个环节，即将当前城市生活垃圾按物流过程仅划分为生活垃圾收集和生活垃圾处理两个环节来处理。而赵丽君（2009年）将城市生活垃圾的全过程划分为七个环节，即产品设计、产品生产、产品消费、城市生活垃圾产生、投放至生活垃圾桶、清运、分拣和处理，全面研究了废弃物减量与再利用。

将城市生活垃圾的全过程划分为两个环节实际上是城市生活垃圾已经形成之后的处理过程，而减量化向前递推到生活垃圾预防，将在我国城市生活垃圾管理中占有优先地位，因此要想达到减量化研究的效果，至少应该将全过程划分为三个环节或者七个环节。而三个环节和七个环节的划分方法实质上是相通的，对三个环节中每个环节进行扩展即可成为七个环节。

在划分环节的基础上，不少研究者继续分析了每个环节的减量化措施，并应用不同的研究方法粗算出减量效果。陈海滨（2011年）对每个环节减量措施的综合效益进行了分析。黄敏（2011年）构建出减量化的技术路线，依据技术路线制定出每个环节的减量化控制实施方案，依据相关资料和随车调查数据估算出这套体系实施后年削减成效达到624～792t，其中136～197t得益于源头减量化技术方案的实施。黄敏（2011年）对北京生活垃圾物流过程流做了优化，突出了分类收集即在生活垃圾第一集结点也就是生活垃圾桶做到合理分类设置和根据生活垃圾成分而定的综合处理方式。

此外还有学者研究了城市生活垃圾在每个环节的市场化问题。谢新源（2011年）针对现阶段环卫体系面对的工作效率差、缺乏资金，构建出更加符合城市发展需求的环卫管理体系，在前端控制环节需要完善环卫管理的执法监管，中间减量和再使用上着重建立和培养废弃物收集、转运和分选再利用产业链条，终端无害化与资源处置上市场化的管理使废弃物综合处置产业产生。

在城市生活垃圾管理每个环节关系角度，此领域的学者也有过分析论述。李宇军（2015年）指出满足无害化要求是生活垃圾管理的第二个阶段，全过程管理则是第三个阶段，当前北京市正从第二个阶段向第三个阶段发展，北京市实施生活垃圾分类是从过去的末端管理转成"全过程管理"的一个切入口，源头、中间和末端三个减量化环节的良好契合需要宣传，也要有组织、机制、制度和设施等多维度的变化。

从总体上来看，目前国内外在城市生活垃圾全过程环节分析方面主要划分为源头、中间和末端三个环节。所涉及的研究范围逐渐增大，包括了城市生活垃圾物流环节的分析优化，生活垃圾全过程环节减量分析，城市生活垃圾全过程环节的市场化，每个环节减量化的宏观管理等众多方面。大量的研究成果为未来进一步分析铺垫较好的基础。值得注意的是，在目前关于生活垃圾全过程环节管理研究，在提出多级减量化体系之后，仅阐述了每个体系的减量措施和存在的问题，对很多影响因素的影响程度和方式尚未进行深入研究，大多为宏观性政策及原则性的讨论，难以满足我国生活垃圾科学管理上的迫切需求，在理论和实践中都需要继续深入探讨。

1.3 主要内容及方法

本书试图综合循环经济学和系统动力学的原理对城市生活垃圾做全过程多级减量研究。全部工作从城市可回收生活垃圾的现状出发，拟基于城市生活垃圾全过程管理理论，应用系统动力学的建模和模拟的方法，建立与现实情况相吻合的城市生活垃圾全过程多级减量化模型。最后在模型研究的基础上，结合政策模拟分析的结果提出可回收城市生活垃圾的多级减量化对策。

1.3.1 主要内容

本书主要包括以下六部分内容：

第一部分是城市生活垃圾减量化的现状。在分别分析城市生活垃圾的现状和减量化现状的基础上，提出城市生活垃圾减量化过程中存在的问题。本章重点在于明晰城市生活垃圾减量化的各个主体存在的问题，为下文的全过程多级减量分析做铺垫。

第二部分是城市生活垃圾减量化相关理论。对关于城市生活垃圾减量化的现有理论进行了综述、概括，包括城市生活垃圾减量化的基本概念、理论观点、方法模型等。

第三部分是城市生活垃圾全过程系统动力学减量化模型构建。具体是对城市生活垃圾减量化的全过程进行环节分析，分析每个环节的影响因素，建立可回收城市生活垃圾全过程多级减量化的系统动力学模型。

第四部分是城市生活垃圾减量化模型变量选择和界定。第 3 章建立的系统动力学模型需要定义出具体的变量并进行定量检验和分析，包括状态变量、率量、辅助变量和常量。

第五部分是城市生活垃圾减量化模型检验和政策模拟。本部分应用第 4 章选择和界定的变量，对第 3 章中建立的模型进行有效性分析；在检验有效的基础上，给出 5 种减量化政策情境下的模拟分析。旨在通过政策模拟分析，给出城市生活垃圾全过程多级减量化的对策建议。

第六部分是城市生活垃圾全过程减量化最佳实践。主要针对国内外一些城市生活垃圾处理较好的国家和典型城市，总结其城市生活垃圾管理上的最佳实践经验。

1.3.2 研究方法

对应于内容研究的需要，首先，在分析过程中主要采用定性与定量相结合的方法阐述和解决问题。在对"减量化"概念、城市生活垃圾环节问题识别、概念设计和建模中主要采用定性分析的方法，在对生活垃圾减量化效果的计量、减量化政策效果的评价主要采用定量分析的方法。

其次，通过理论分析和实证分析相结合的方法进一步丰富本书内容。从城市生活垃圾减量化的现状分析、环节定义、子系统结构关系分析等，再到城市生活垃圾减量化的政策模拟分析，从规范研究与实证分析相结合的角度讨论城市生活垃圾全过程多级减量化的路径或对策。

最后，从通过环节分析方法对城市生活垃圾全过程减量化进行多级别划分；通过系统动力学的方法建立城市生活垃圾全过程多级减量化模型，进行政策模拟分析。在此基础上，总结城市生活垃圾全过程减量化的最佳实践。

1.4 拟解决的关键问题及创新点

1.4.1 拟解决的关键问题

本书需要解决的第一个难题是对城市生活垃圾的现状及城市生活垃圾减量化的现状进行分析，具体涉及政府、企业和居民等多个主体，覆盖生活垃圾减量的源头、中端和末端多个环节，全方位地认识到城市生活垃圾管理存在的问题，为进一步论述研究奠定了基础。

本书拟解决的第二个难题是建立城市生活垃圾全过程多级减量的系统动力学模型。城市生活垃圾减量的研究见仁见智，本书在阅读大量文献的基础上，选择系统动力学分析方法，划分出相应的子系统依次建立模型，从理论上阐释出城市生活垃圾全过程多级减量系统内各个变量的相互关系。

本书面临的第三个难题是建立城市生活垃圾减量化效果的计量方法。系统动力学模型揭示出系统内各个变量的相互关系，尚缺乏计量该系统减量效果的标准，国内外的大量研究中鲜有给出生活垃圾减量化效果的计量方法，本书利用 4 个子系统中的关键变量，提出具有可操作性和可比性的计量标准。

本书讨论的最后一个关键性难题是城市生活垃圾减量化系统的政策模拟，所有的研究及分析都是为实践服务的。由于城市生活垃圾全过程多级减量系统的复杂性，本书将采用情境假设进行政策模拟分析。

以上四个方面是本书拟解决的关键问题，从现状的分析到模型建立再到提出对策，整个过程都将是富有挑战的工作。

1.4.2 创新点

本书拟以城市生活垃圾为研究对象，采用生活垃圾全过程多级减量分析思路，建立生活垃圾全过程多级减量的系统动力学模型。在分析的过程中，为了避免研究及结论缺乏实践价值，本书从最初的研究基础和研究对象，到分析过程中的研究视角以及全过程中的研究方法均力求创新，从而使分析更具说服力，结论及建议更具操作性。具体的创新点如下：

研究方法的创新。本书综合采用了循环经济学、系统动力学的方法进行讨论，在现状分析中对生活垃圾减量参与主体进行分类分析，避免了多数文献中简单堆砌数据的分析思路。基于城市生活垃圾全过程多级减量化过程中的众多影响因素建立系统动力学模型，使得变量之间的相互影响关系更为清晰明了。

研究视角的创新。针对城市生活垃圾减量化的解决方法，现有文献没能站在全过程多级减量化的视角进行分析，大多只是划分为三个环节，没有对各个环节的影响因素及其相互反馈关系进行讨论，本书进一步拓展研究的视角，从生活垃圾的产生到处理更全面细分的环节分析讨论以寻找生活垃圾减量化的有效途径，并对影响因素做出识别。

模型构建的创新。现有文献对生活垃圾减量的研究过于侧重实践操作的讨论，多以问卷调查方法为主，导致结论缺乏理论的支撑。本书在借鉴国内外学者研究成果的基础上，更重视理论及逻辑分析，包括对各类生活垃圾减量化的环节分析、系统动力学模型建立、变量的选择与界定等，在此基础上进行不同情境下的模拟分析，做到了理论与实践调查相结合，使本书的结论具有更深厚的基础，也更具说服力。

第2章　城市生活垃圾减量化的现状分析

2.1　城市生活垃圾的现状

本节分析我国城市生活垃圾的年排放量和年人均排放量的变化趋势、我国城市生活垃圾的组成比例和变化趋势、我国城市生活垃圾所具有的特征，以揭示我国城市生活垃圾现状。

2.1.1　城市生活垃圾排放现状

城市居民或者部门排放生活垃圾以后，所管辖范围内的环卫部门会对其进行收集和运输，环卫部门收集运输的城市生活垃圾数量即为生活垃圾的清运量。可以从城市生活垃圾清运量增长数据来看城市生活垃圾排放增长情况。根据《中国城市建设统计年鉴》数据，2003—2015 年间我国城市生活垃圾清运量年均复合增长率（CAGR）为 2.11%，2015 年全国城市生活垃圾清运量为 19142.17 万吨。在全国 661 个设市城市中，城市生活垃圾清运量前三名的城市分别为北京市、上海市和深圳市，具体见表 2-1。

表 2-1　全国主要城市的城市生活垃圾年清运量（单位：万吨）

城市 年份	北京	上海	深圳	重庆	天津
2003	454.5	585.3	324.5	215.3	171.8
2004	491.0	609.7	346.9	237.2	181.6
2005	454.6	622.3	332.9	237.6	144.8
2006	538.2	658.3	359.5	243.9	155.2

续表

城市 年份	北京	上海	深圳	重庆	天津
2007	600.9	690.7	406.9	200.5	165
2008	656.6	676.0	446.7	225.2	173.8
2009	656.1	710.0	475.9	224.3	188.4
2010	633.0	732.0	479.3	256.7	183.7
2011	634.4	704.0	481.8	281.6	189.9
2012	648.3	716.0	489.8	335.3	185.8
2013	671.7	735.0	521.7	349.8	199.9
2014	733.8	608.4	541.1	399.4	215.9
2015	790.3	613.2	574.8	440.0	240.7

资料来源：城乡建设部，《中国城市建设统计年鉴》（2015）。

从表 2-1 来看，城市生活垃圾排放量与城市人口规模紧密相关，北京、上海、深圳、重庆和天津城市生活垃圾年清运量的差异与其人口规模有关。同时，每个城市生活垃圾排放量并非完全与人口规模相一致，如深圳承载 1800 万人，而天津 2300 万人，二者城市生活垃圾量则差异很大，这与居民消费产品结构和消费行为差异有关。这也表明，对市民城市生活垃圾减量化宣传引导工作很重要。

2.1.2　城市生活垃圾组分

城市生活垃圾主要包括城市居民生活垃圾、商业生活垃圾、集贸市场生活垃圾、街道生活垃圾、公共场所生活垃圾、机关学校生活垃圾等。城市生活垃圾组成成分主要是有机物、纸、玻璃、金属、塑料、织物、无机废物等。

（1）城市生活垃圾组分复杂和地域差异性

生活垃圾性质和特征受城市生活水平、能源结构、季节变化等因素的影响，使生活垃圾组分具有复杂性、多变性和地域差异性，见表2-2。

表2-2 我国几个典型城市——生活垃圾的成分

成分（%） 城市及年份	有机物质	纸类	塑料	玻璃	金属	纺织纤维	木材	其他
北京（2008）	66.2	10.9	13.1	1.0	0.4	1.2	3.3	3.9
上海（2013）	72.49	6.01	13.79	3.09	0.24	2.14	1.88	0.36
成都（2007）	47.06	15.76	14.98	0.73	1.01	1.72	—	18.74
杭州（2008）	52.96	6.66	5.71	2.72	4.02	4.00	12.27	11.66
大连（2006）	36.4	8.76	18.57	4.98	0.61	1.98	—	28.7
沈阳（2008）	59.77	7.85	12.85	5.4	2.01	3.61	2.52	5.99
南宁（2012）	58.93	10.74	10.84	4.33	0.4	2.12	0.56	12.1
拉萨（2012）	20.45	23.74	14.84	4.73	5.12	4.5	2.76	23.86
深圳（2011）	44.1	15.34	21.72	2.53	0.47	7.4	1.41	7.03
广州（2011）	31.35	8.36	21.86	3.1	0.37	13.44	10.32	11.2
台北（2011）	19.02	41.65	23.85	4	0.97	5.49	2.42	2.6

资料来源：梁斯敏，樊建军. 中国城市生活垃圾的现状与管理对策探讨［J］. 环境工程，2014（11）。

从表2-2来看，有机废物在城市生活垃圾占比最大，与纸、玻璃、金属、塑料、织物等五类生活垃圾，应是我国生活垃圾减量化以及其他管理的主要对象。

表2-3 长沙某学校和某居民区城市生活垃圾成分及含量

成分(%) 地点	废纸	金属	塑料	玻璃	腐殖质	灰土	电池	皮革	织物
学校	2.89	0.42	7.84	0.64	43.31	43.49	0.06	1.35	—
居民区	29.85	4.01	17.54	5.09	31.81	5.78	0.2	1.75	4.15

资料来源：城市生活垃圾成分及含量，https：//wenku.baidu.com/，调研数据。

表 2 - 4　北京市某事业区和平房城市生活垃圾成分及含量

地点 ＼ 成分(%)	废纸	金属	塑料	玻璃	食品	灰土	砖瓦	草木	织物
事业区	12.78	1.75	11.11	11.20	29.34	4.45	3.27	22.91	3.19
平房区	6.52	0.38	8.26	3.67	42.79	22.40	2.33	11.49	2.16

资料来源：城市生活垃圾成分及含量，https：//wenku.baidu.com/。

从表 2 - 3、表 2 - 4 来看，每个城市及其市民不同活动区生活垃圾组分具有性质和特征上的差异。从全国来看，我国城市生活垃圾具有以下五个方面的特点：

①大城市和中、小城市的生活垃圾组分有非常鲜明的区分。大城市废弃物组分中有机物成分与可再利用物比重较高，中、小城市该部分比重较低。

②中国城市生活垃圾主要由厨余垃圾（可生物降解有机物）和（无机成分偏高的）煤渣和煤灰组成。随着经济发展水平与居民生活水平改善，各个城镇的食品和燃料结构在变化，居民生活习惯在改变，中国城市生活垃圾的成分变化越来越快。

③我国城市生活垃圾总量大幅增长主要是由城市规模、数量与人口增长导致的。我国城市大量增加，规模不断扩大，非农业人口迅速增加，加重了城市环境卫生管理的负荷。

④居民收入水平、消费能力与城市居民人均生活垃圾产生量有紧密关联。高级住宅区的生活垃圾组成中可回收废物含量（82%）要远高于普通住宅区（47%），厨余生活垃圾、灰土和砖瓦含量明显较低。

⑤南方城市生活垃圾组成中有机物含量普遍要多于北方城市，同时由于自然条件和生活方式的影响，其含水率相对也高。城市自身的功能、性质也是影响城市生活垃圾组成的主要因素，如旅游型城市生活垃圾组成中，塑料、橡胶的成分含量明显高于经济发展同等水平的其他城市。

因此，城市生活垃圾减量化措施应当具有不同城市及市民群体性特征。

（2）城市生活垃圾组分具有变化性

一个城市的生活垃圾组分不是固定不变，而是随着城市发展水平、居民生活水平的变化而变化。经历 20 年，北京市城市生活垃圾成分就有很大的变化。这表明城市生活垃圾减量化对象和目标任务必然具有动态性，见表 2 – 5。

表 2 – 5　北京市城市生活垃圾构成比例（单位:%）

年份	食品	塑料	纸类	玻璃	织物	灰土砖石	金属	其他
1990	32.6	1.88	6.04	3.79	1.74	51.82	0.76	100.17
2009	60.02	9.51	8.11	2.89	1.94	12.74	0.87	3.92

资料来源：李宇军. 中国城市生活垃圾管理改进方向的探讨［J］. 中国福建省委党校党报，2010（4）。

从表 2 – 5 中可以看出，城市生活垃圾成分具有三个主要变化趋势：

①食品类生活垃圾在城市生活垃圾中的占比逐渐增大。随着居民生活水平改善以及食品种类的丰富，北京食品类生活垃圾在城市生活垃圾中的占比在 20 年间接近翻番。

②塑料类生活垃圾占比增长迅速。塑料类生活垃圾的增长受益于商品包装行业的蓬勃发展，同样与居民的生活水平密切相关，居民收入越来越高，对商品的包装要求更多，而塑料是包装物的主要原料，这导致了北京塑料类生活垃圾在 20 年间增加了 4 倍之多。

③灰土砖石类生活垃圾比例锐减。灰土砖石类生活垃圾占比的变化与居民及企业燃料结构的变化同步，随着经济发展水平和生活水平提高，煤炭在燃料结构中的占比越来越低，取而代之的是天然气，从而使得灰土砖石类生活垃圾在 20 年中降低了 75% 之多。

2.2　城市生活垃圾减量化的现状

本节先就我国城市生活垃圾减量化总体上的现状进行论述，然后再分析各类城市生活垃圾减量的现状。

2.2.1 城市生活垃圾减量化主体的现状

城市生活垃圾减量化的主体包括政府、生产企业、居民、环卫体系和废品再生体系，与"木桶原理"相似，城市生活垃圾的减量离不开任何一个主体的努力。

（1）政府

政府在城市生活垃圾减量化过程中所扮演的角色主要表现在两个方面，一方面是相关政策法规的制定。法律规范体系的确立是城市生活垃圾减量化工作得以稳定运行的基础，迄今为止我国已经颁布实施了多项生活垃圾管理的相关法律，如为指导生产、流通与消费等环节进行的减量、再使用和资源化活动的《清洁生产促进法》《循环经济促进法》，为防范固体废弃物污染的《固废污染环境防治法》，为推动生活垃圾分类工作出台了《城市生活垃圾分类及其评价标准》《城市生活垃圾分类标志》等，地方为加强废弃物管理出台的《北京城市生活垃圾管理条例》、广州的《广州市城市生活垃圾分类管理暂行规定》，等等。

在《全国城镇环境卫生"十一五"规划》中我国政府确立了环卫、生活垃圾管理立法监督方面的目标，即建立规范、科学、高效的政府监管机制，健全行业监管体系，完善法规和标准体系，制（修）订符合国情的污染物排放标准，加大市场监管力度，实施生活垃圾排放许可证制度，增强环卫监测网络与能力建设。

在辅助性的规章和规范性文件方面，住房和城乡建设部（全国生活垃圾管理的首要责任部门）与发展改革委、环保部、科技部等部门同样做了很多努力，先后颁布了 32 项有关城市生活垃圾处理的部门规章和规范性文件，以及 68 项技术标准（中国城市生活垃圾收运系统初步建立，基本上达到日产日清）[32]。

另一方面是政府相关部门对生活垃圾收集、清运、处理、回收、无害化的管理。在我国，生活垃圾管理涉及城市市政市容委、市商务局和市环保局，市政市容委负责分类后的生活垃圾的收集、清运、处理处置的管理，市商务局负责废旧物资回收市场的管理，市环保局管理有害生活垃圾，如表 2-6 所示。

表 2 - 6   各政府机关的管理范围

政府机关	管理范围
市政市容委	生活垃圾收集收集、清运、处理
市商务局	废品回收管理
市环保局	有害生活垃圾管理

（2）生产企业

生产者是影响城市生活垃圾产生的重要相关者，其产品包装行为与垃圾产生直接相关。

绿色包装或产品的绿色设计概念从 21 世纪初开始受到国内企业和消费者的重视。绿色包装指的是使用无污染且有利于回收再生的包装材料和制品。绿色包装包含两层含义，一是简化包装，节约材料；二是包装对生态环境损害最小化。绿色包装既具有经济效益，又有社会效益。随着科学技术的进步，对绿色包装的要求也在提高中，但可归结为使包装生命周期总成本逐步最小化。随着企业环保意识的提高，绿色包装的概念也得到了消费者的认可，然而由于市场的激烈竞争以及企业控制成本的压力，我国企业的大多数产品并未实现完全的绿色包装。

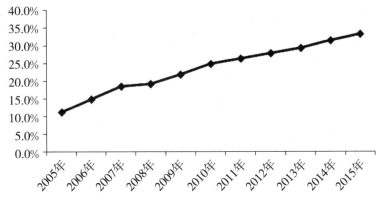

图 2 - 1   2005—2015 年我国绿色包装企业占比

资料来源：中国包装联合会。

从图 2 - 1 可以看出，我国实施绿色包装的企业虽然有增加，2005—2015 年比例实现了大幅度提升，但从总量来看并不乐观，其与欧美国家

85%的比例相去甚远。

相关法律法规的不健全是导致这一现象的主要原因，绿色包装属于生产者的延伸责任，我国的《循环经济促进法》第十五条即为对生产者延伸责任的相关规定，然而由于循环经济发展综合管理部门还没有制定强制回收办法，导致目前我国生产者的此项延伸责任并没有法律的强制约束。

（3）居民

随着一系列活动的大力宣传，城市居民生活垃圾分类意识和行为都有明显的提高，据北京环卫部门对居民生活垃圾分类活动的调查如图 2 -2所示。

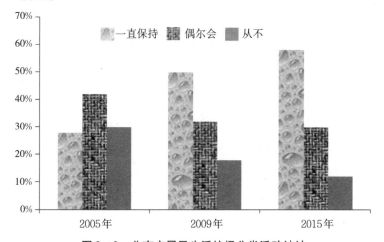

图 2 - 2　北京市居民生活垃圾分类活动统计

资料来源：北京循环经济协同创新中心。

调查结果显示，2005—2015 年，"始终在家中简单分类"的受访居民的比例在逐步提高，而"从不进行分类"的受访居民比例在逐渐下降。从中可以看出北京市居民的生活垃圾分类意识不断增强。在生活垃圾分类意识增强的同时，超过 75% 的居民表示将自觉减少一次性使用物品的购买次数，减少生活垃圾的排放，并有超过 50% 的居民表示坚持自带购物袋，由此可见，居民的生活垃圾减量意识在增强，生活垃圾减量行动的效果在提高。

（4）环卫作业部门

随着生活垃圾减量工作逐渐得到政府的重视，环卫作业部门的生活垃圾处理作业流程更为清晰，主要包括从生活垃圾产生后的初步收集直到最终处理的全部过程。从北京的城市生活垃圾处理作业流程看，主要包括收集清运、一次转运、二次转运和最终处理。处理作业流程如图2-3所示。

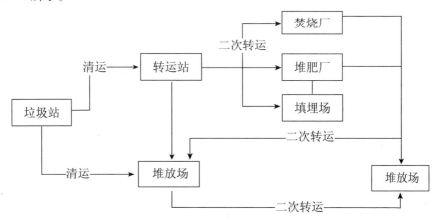

图2-3　北京市生活垃圾清运处理系统的组成及其作业流程

目前，北京市的城市生活垃圾是各区独立负责收运和处理的，环卫工作各环节井然有序。北京市生活垃圾的物流过程如图2-4所示。

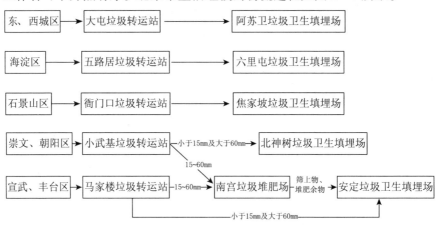

图2-4　北京市城八区的城市生活垃圾物流流程与流向

从图2-4可以看出，东城和西城的生活垃圾清运至大屯转运站，崇文（现并入东城区）的生活垃圾清运至小武基转运站，宣武（现并入西城区）的生活垃圾清运至马家楼转运站。朝阳每日约 400 吨生活垃圾清运至小武基转运站。丰台每日约 200 吨生活垃圾清运至马家楼转运站。昌平区每日约 200 吨生活垃圾（阿苏卫周边 7 个乡产生的生活垃圾），清运至阿苏卫生活垃圾填埋场填埋。天通苑和回龙观小区每日约 400 吨生活垃圾清运至阿苏卫埋填填埋。大兴每日约 200 吨生活垃圾清运至北神树生活垃圾填埋场填埋，其余生活垃圾清运至安定生活垃圾卫生填埋场填埋。此外的生活垃圾由区政府安排区属设施处理。石景山的生活垃圾运送至门头沟焦家坡填埋场。

（5）废品回收体系

我国废品回收体系形成了两大特点：一是参与主体多元化；二是循环利用流程清晰。2002 年我国取消废物资回收业"特许经营许可证"制度[33]，大大降低了该行业的门槛，私营企业发展得到了进一步的保障，到 2015 年已经形成了国营回收、私营回收与个体回收三大主体。各个回收主体的特点如表 2－7 所示。

表 2－7　各种回收主体的特点

	国营回收企业	私营回收企业	分散的个体回收者
产生时期	20 世纪 50 年代	20 世纪 80 年代中期	20 世纪 80 年代中期
性　　质	国有或集体	私营	个体
隶属部门	供销社或物资部门	无	无
形成方式	自上而下	自发形成	自发形成
人员组成	原国有企业职工 招商的商户 个体回收者	招商的商户	个体回收者，外来务工人员为主
主要类型	回收经营型 和回收加工型	回收经营型 和回收加工型	捡拾、收购、转卖
经营项目	生产性废旧金属、 生活性废旧金属、 废纸等传统经营项目	各种生活性废旧物资	各种废旧物资
经营运作方式	建立、经营废旧物资集散市场 直接从事回收经营 建立社区回收网络体系	经营废旧物资集散市场 直接从事回收经营 投标大型回收项目 转租经营合同获取收益	流动收购

2015 年我国大中城市年产生活垃圾约 1.9 亿吨，其中被丢弃的可再生资源价值超过 250 亿元。划分清楚的就是资源，混合的就是垃圾。以北京市为例，2015 年该市日产生活垃圾 21640 吨，全年生产 790 万吨。根据北京市社科院的调查估计，北京大约有 10 万人在捡破烂，另外还有 20 万人从事废品回收，每年能从北京"捡"走 30 亿元。

与此同时，我国废品循环利用流程也更为清晰，如图 2-5 所示。

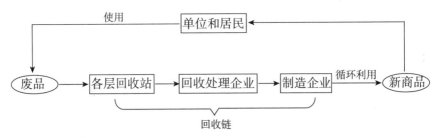

图 2-5　废品循环利用流程图

截至 2016 年年底，我国废塑料、废轮胎、废纸、废弃电器电子产品、报废汽车、废旧纺织品、废玻璃、废电池等十大类别的再生资源回收总量约为 2.56 亿吨，再生资源回收总值约为 5902.8 亿元。其中，废塑料回收率为 25%，废旧橡胶为 47%，废纸为 20%，废玻璃为 13%。

通过对城市生活垃圾减量化主体的现状进行分析可以发现，无论是政府部门、生产企业还是居民都非常重视生活垃圾减量及环境保护，都取得了可喜的进步，但也存在管理混乱、法律缺位及政策实施不到位等问题[34]，生活垃圾减量和环境保护仍需要我们每一个人进一步重视和行动起来。

2.2.2　城市生活垃圾处理总体状况

截至 2015 年，全国设市城市和县城城市生活垃圾无害化处理能力达到 75.8 万吨/日，比 2010 年增加 30.1 万吨/日，城市生活垃圾无害化处理率达到 90.2%，其中设市城市 94.1%，县城 79.0%。全国 654 个设市城市生活垃圾清运量为 1.86 亿吨。2010—2015 年全国城镇城市生活垃圾处理情况的变化见表 2-8。

表 2-8   全国城镇城市生活垃圾处理情况的变化

主要指标		2010 年	2015 年	增长率（%）
无害化处理设施数量（座）	设市城市和县城	1076	2077	93
	设市城市	628	890	42
	县城	448	1187	165
无害化处理设施 卫生填埋场	设市城市和县城	919	1748	90
	设市城市	498	640	29
	县城	421	1108	163
生活垃圾焚烧厂	设市城市和县城	119	257	116
	设市城市	104	220	112
	县城	15	37	147
其他	设市城市和县城	38	72	89
	设市城市	26	30	15
	县城	12	42	250
无害化处理能力（万吨/日）	设市城市和县城	45.7	75.8	66
	设市城市	38.8	57.7	49
	县城	6.9	15.8	129
无害化处理能力 卫生填埋场	设市城市和县城	35.2	50.2	43
	设市城市	28.9	34.4	19
	县城	6.2	15.5	150
生活垃圾焚烧厂	设市城市和县城	8.9	23.5	164
	设市城市	8.4	21.9	161
	县城	0.46	1.6	248
其他	设市城市和县城	1.5	2.1	40
	设市城市	1.3	1.4	8
	县城	0.25	0.7	180
焚烧处理所占比例（%）	焚烧比例	—	31	—
	东部地区焚烧比例	—	48	—
县县具备生活垃圾无害化处理能力		—	尚有43个设市城市和367个县城不具备无害化处理能力	

资料来源：国家发展改革委、住房和城乡建设部，《"十三五"全国城镇城市生活垃圾无害化处理设施建设规划》。

从表 2 - 8 中可以看出，卫生填埋厂的数量和处理能力都在增长中，城市生活垃圾焚烧处理增加最快，厨余生活垃圾堆肥依然处于萎缩状态。

2.2.3　城市生活垃圾减量化的分类现状

一种常见的分类法是将城市生活垃圾分为三类：可回收类、不可回收类、厨余生活垃圾，这种分类法常用于城市生活垃圾生活垃圾桶的设计。我国在生活垃圾分类方面做得不是很好，生活垃圾分类意识仍然较差，实际分类效果不明显。下面根据更细致的分类，即将城市生活垃圾按照其属性分为六类（纸类、塑料类、玻璃类、金属类、厨余生活垃圾类、有毒有害类）来分析城市生活垃圾减量化的分类现状。

（1）纸类

现阶段我国的纸类城市生活垃圾在消费环节减量的情况喜忧参半：一方面，许多机关和公司都推广无纸办公和双面打印，人们开始在网上浏览新闻、阅读电子版的文献。而另一方面，又存在两个严重的问题：①很多人的阅读习惯没有改变，机关和公司既利用网络传送文件，又会打印下来，纸的消耗量逐年增加；②尤其是"限塑令"出台以来，许多场合人们弃用了环境难以降解的塑料包装，这在一定程度上使纸质包装废弃物的数量成倍增加。

在废纸回收的利益推动下，纸板、书刊杂志、报纸、印刷厂的纸边等都得到了较大比例的回收[35]。从 2015 年开始，纸业联讯正式对外发布废纸回收量数据。据纸业联讯统计，2015 年国内废纸回收总量约 4832 万吨，其中纸箱纸板约 4315.4 万吨、废旧报纸约 178.9 万吨、其他废纸（废旧铜版纸、废书本纸等）约 388.6 万吨。2016 年废纸回收总量约 4963 万吨。

中国造纸协会的调查报告指出，2015 年全国废纸浆量为 6200 万吨，其中国内废纸浆 3900 万吨，废纸回收率为 46.4%，废纸浆（含进口废纸）在纸浆消耗总量中的比重将维持在 65% 左右[36]。废纸浆利用率的不断增加表明，废纸回收和造纸产业愈加发达，对减少我国林木资源采伐量和进入末端处理的纸类生活垃圾量有很大促进作用。

废纸回收利用具有环境效应。废纸造纸较一次资源造纸在原料消耗上节省 40% 以上，耗水量减少约 50%，节约能源 60%～70%，减少大气污染 60%～70%，生物耗氧量减少 40%，水中悬浮物减少 25%，固体生活垃圾减少 70%。

（2）塑料类

在消费环节减量方面，"限塑令"出台以来，人们对塑料类生活垃圾对环境危害的认识得到了很大的强化，塑料包装物的使用减少了，被更环保的纸质包装或可降解塑料取代，更多的人主动多次使用塑料袋、拒绝一次性用具。但是由于塑料类制品是伴随人们生活水平的提高而广泛采用的，尤其在制造业和物流业日益发达的背景下，虽然人们在努力从源头避免产生塑料垃圾，但在未来一些年内塑料类城市生活垃圾所占比例仍在提高是一种趋势。

在回收方面，由于塑料制品有外形多变的特点，目前居民有偿回收的主要是塑料瓶罐和大件废弃物中含有的塑料，其他塑料质轻、难以收集，一般都直接丢弃。而部分居民做到了生活垃圾分类，由于现阶段城市中有大批拾荒者，公共生活垃圾桶里经济价值较高的塑料生活垃圾都已被捡走，剩下的是经济价值偏低的塑料。

根据商务部发布的《中国再生资源回收行业发展报告》所述，2014年是全国回收废塑料量的峰值，约 2000 万吨，占当年消费量的 22%。而这些被回收的废塑料价值约 1100 亿元人民币，超过废钢铁回收总价值的 1/3，比废纸回收价值高出 2/3。北京市废塑料回收约 80% 是通过走街串巷的回收人员从城市生活垃圾中收集，约 15% 通过废品收购人员从消费者处收购，约 5% 通过拆解和报废获得。这些废旧塑料基本都集中到环绕北京市区、散布郊区的集散市场，或通过社区回收站转运到集散市场，再由集散市场的收购商分类[37]。

废塑料再生使用分为直接再生使用和改性再生使用两大类。直接再生制品已广泛运用于农、渔、建筑、工业及日用品等领域，属较低层次利用模式。改性再生利用工艺比较复杂，需要特定机械和设备，但再生制品性能较好，是一种有潜力的发展方向。我国废塑料再生利用方面的技术相对发达国家较为落后，技术进步是废塑料减量的重要环节之一。

（3）玻璃类

我国玻璃类生活垃圾回收利用现状不乐观。2015 年我国废玻璃回收 850 万吨，2016 年为 860 万吨，约占城市生活垃圾总量的 35%，而废玻璃回收率仅为 13%，绝大部分没能得到回收再利用，远低于 50% 的世界平均水平。大量的废玻璃弃之不用，占地又污染环境，造成大量资源和能源浪费。一般生产 1 吨玻璃制品约消耗 700～800kg 石英砂、100～200kg 纯碱及其他化工原料，合计生产 1 吨玻璃制品要用 1.1～1.3 吨原料，还要用去大量煤、油和电。造成这种现象的原因比较复杂，既有玻璃生产环节的原因，也有回收政策不健全的原因，同时还有玻璃分选及再利用技术的问题[38]。

废旧玻璃的回收再利用途径很多，在开发新型建筑材料方面，可用于制造高档的结晶型玻璃或微晶玻璃地砖、玻璃马赛克和保温用泡沫玻璃等。此外，废旧玻璃还可以通过树脂复合制造人造石，可与钢渣混合生产微晶玻璃装饰板，与粉煤灰配料可生产烧结性饰面材料。

我国正计划成立专业废玻璃回收加工厂。中国建筑玻璃和工业玻璃协会正进行此项工作。废玻璃经过清洗、破碎和磁选等工艺后分级包装，可用在平板玻璃、塑料玻璃、瓶罐和道路等方面。这可为废玻璃再加工供应稳定的货源，使废玻璃可再利用。我国不仅在日用玻璃厂、汽车玻璃厂、建筑平板玻璃厂、电子及光学玻璃厂、工业技术加工玻璃厂均施行了废玻璃全部回收利用，还在北京、广州、上海、深圳等城市居民小区全部设置不同颜色生活垃圾箱，分装生活垃圾，大力提高城市居民区废玻璃的回收率。

（4）金属类

废旧金属如铜、铝、铁等可经重新加工作为二次资源回收利用，成为重要的工业原材料。2015 年国内废钢铁回收量已达 14380 万吨左右，回收率大概是 65%，废有色金属回收量约 876 万吨，回收率 70% 左右。同时随着更大废旧物品，如废汽车、钢铁建材，我国废金属产量持续快速增长。再生金属四大品种（铜、铝、铅、锌）成为大多数回收企业经营的主要回收品种，总量连续五年突破 1000 万吨，再生金属占当年金属产量的比例超过 40% 。

现阶段国内废旧金属集散地有 20 多个，且形成了各自优势。国内几大废旧物资集散地是湖南汨罗、浙江永康、河南长葛、广东南海和山东临沂。拆解加工业也已兴起，沿海地区形成浙江宁波、福建全通、江苏太仓、浙江台州和天津静海等再生资源加工区，形成年拆解、处理废有色金属原料 500 万吨能力。全国报废汽车拆解企业和沿海废船拆解企业的数量不断增长[39]。

废金属拆解、冶炼和加工利用对于节能、节水、减少有害气体和固体废物排放，降低环境压力，供给大量资源发挥着重要作用。再生金属产业是中国循环经济重要领域。

（5）厨余生活垃圾类

我国城市生活垃圾约一半是餐厨生活垃圾，现阶段我国餐厨生活垃圾大部分和其他废弃物混在一起处置，给城市废弃物处理带来极大压力。厨余生活垃圾的特点为含水率高、易腐、有机物多、营养丰富，导致的环境问题，同时又蕴含资源化和能源化潜力，已引起各国学者和企业重视，厨余生活垃圾处置成为城市废弃物处理的关键。

关于厨余生活垃圾减量的途径。与我国相比，欧美居民更多通过使用食物生活垃圾处理器，从源头对厨余生活垃圾进行减量化处理。目前国内虽尚未出台安装食物生活垃圾处理器的强制性规定，但北京、上海、广州等城市已纷纷出台食物生活垃圾管理相关条例或建议，鼓励新置房屋安装食物废弃物处理器。《北京废弃物管理条例》从 2011 年 3 月 1 日起正式提出"鼓励有条件居住区和家庭安装符合标准的餐厨生活垃圾处理装置"的提议，上海出台《上海城市废弃物分类设备设施配置导则》也鼓励"区域排污管道具备条件地区，新建全装修住宅配置餐厨果皮粉碎器；其他具备条件住宅鼓励安装餐厨果皮粉碎器。"上海人大常委举行推进城市生活垃圾分类和减量化专项监督，提出餐厨生活垃圾粉碎机拟纳入住宅设计标准[40]。

餐厨生活垃圾的资源化途径很多，对其进行回收利用的过程中，可根据当时当地的特点以及利用价值的大小把各种用途进行排序，以使餐厨生活垃圾的利用价值最大化。餐厨生活垃圾的生物可降解率高达 82% ，

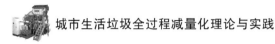

适宜采用各种生物转化技术进行处理。无论从环境保护，还是从资源循环利用角度出发，餐厨生活垃圾处理的最佳方式就是使其转化为稳定的有机质，使其来源于自然再回归自然，可填补目前我国绿色农业有机肥来源的空白。

（6）有毒有害生活垃圾类

随着我国城镇化进程的加速，居民的生活垃圾中电池、过期药品、废旧灯管灯泡、过期日用化妆品、杀虫剂容器、染发剂和除草剂容器、废油漆桶、废打印机墨盒、废弃水银温度计和硒鼓等有毒有害生活垃圾产量虽小，但污染极大。我国生活垃圾处理现状多是将所有生活垃圾混合进行填埋或焚烧，有毒有害生活垃圾也在其中，这给后续处理带来很大困难。填埋中因为有毒有害生活垃圾的掺入，使渗滤液中含大量重金属，增加了后续处理难度。

目前国内在有毒有害生活垃圾的减量化方面，也正进行各种尝试和实践。东莞市樟木头镇碧河花园小区将新设计的生活垃圾桶配置到各指定地点，配备生活垃圾分类中转桶和生活垃圾分类运送车辆，将有害生活垃圾桶每月清理 1 次，用专门收集容器，委托给有资质单位处理[41]。而有害生活垃圾的收集装置的设计目前非常活跃，成为专利申请的热门之一。

通过对城市生活垃圾减量化问题进行分类讨论和分析，我们发现随着循环经济转型的推进，无论是纸类、塑料类生活垃圾还是玻璃及金属类、厨余和有害生活垃圾的回收利用率都有着明显的改善，但依然存在很多问题，比如回收体系依然存在薄弱环节、再生技术离国际水平尚有一定距离以及源头减量意识不足等，这都需要我们进一步分析城市生活垃圾减量化所存在的问题，从而努力解决问题。

2.3 城市生活垃圾减量化的必要性和可行性

长期以来，人们对城镇城市生活垃圾管理认识是伴随着对生活垃圾问题的重视和生活垃圾污染本身的严峻性不断加剧和逐渐深化的。从最开始仅仅集中于街道保洁和生活垃圾清运的治理，到逐渐重视生活垃圾无害化处理处置技术和提倡生活垃圾资源的循环利用，伴随着认识程度的提升，城镇生活垃圾的产生量及整个社会对土地利用的强度也在不断增加，容纳生活垃圾的空间日趋紧张，在这种压力下，无害化和资源化技术尽其所能，也无法解决最终处置场所的选址和建设所面临的土地资源紧缺问题。因此，城镇城市生活垃圾处理必须能使生活垃圾减量，才能从根本上缓解与此相关的管理矛盾。

2.3.1 我国城市生活垃圾减量化存在的主要问题

（1）政府协调统筹不足，法律法规缺乏针对性

随着改革开放的深入，政府已经越来越重视生活垃圾减量及环境保护问题的严重性，但在生活垃圾管理方面仍然存在以下主要问题。

第一，缺乏与《循环经济促进法》相配套的法律法规。《循环经济促进法》自 2009 年 1 月 1 日起实施，对促进我国循环经济举足轻重，而与之配套的可操作性、专项的法规缺乏。现有相关法律法规，包括《市容和环境卫生管理条例》《城市生活城市生活垃圾管理办法》《汽车回收管理办法》和《医疗废物管理条例》主要从控制污染的角度，难以与发展循环经济和促进资源利用的要求相匹配。

第二，城市生活垃圾的处理法律体系没有形成，目前一些生活垃圾处理领域的法规缺位。如针对包装物、食品、废旧塑料、废旧家电、电子产品和报废汽车等回收再利用方面具体法规未出台，使得现实过程中再处理这类生活垃圾时的实施方法不明确，致使资源浪费、二次污染较严重。

第三，生活垃圾处理相关部门之间缺乏统筹配合，存在"九龙治水"的状况。正如世界银行所指出，中央政府的各个部门责任划分不清；机构职能安排经常相互重叠，或者有的方面没有机构负责；中央和地方职责的区分不够适当，规划管理职能与运营职能不分，市政技术规划能力不足，私营部门参与程度不深，这些都是中国生活垃圾管理机构安排中存在的主要问题。

总而言之，关于目前政府在生活垃圾管理中存在的问题，虽然一些经济比较发达的城市率先完成了事业单位转企业的改革，城市生活垃圾

处理设施建设与运营实行了政府采购和招投标制度，但是，这些改革都仍处在起步阶段，部门间协调不足，专业规划滞后，缺少区域统筹。这些问题仍然制约着我国的生活垃圾管理。

（2）企业生活垃圾减量意识薄弱

在市场经济改革中，企业是推动改革的主力军，然而在经济发展与企业成长的过程中，也积累了很多环境问题。我国的城市生活垃圾管理是一种政府主导型的管理模式，这是计划经济的产物，多年来一直将生活垃圾的管理作为一种社会福利事业来进行，而企业在此过程中的责任意识薄弱，这样就带来一系列问题，以下是在生活垃圾管理方面企业面临的主要问题。

第一，企业普遍存在过度包装的问题。随着人们生活水平的提高和我国重人情的特殊国情，老百姓无论是生活还是送礼都更为注重商品的包装。过度包装问题严重，不仅造成了资源的浪费，也为生活垃圾的回收制造了难题。

第二，生产企业生活垃圾减量意识相对薄弱。我国过去的经济发展模式更多地侧重于经济效益的提高，对环境保护的问题认识不足，由此也导致了我国的生产企业对生活垃圾减量、环境保护的重视不足，企业未能在自身成长的同时增强环保意识。

第三，生产企业缺乏更为详细的生活垃圾减量框架约束。虽然《循环经济促进法》对生产企业的延伸责任进行了方向性的定义，但强制回收目录并没有得到足够的宣传和公众的认可，对生产企业没有设定强制回收的种类、年限、目标、计划和配套资源，并公开征求意见。

总之，生产企业需要在包装和环保两个方面寻找一个平衡，既保证自身销售的增长，又不带来更大的环保压力。从目前来看，企业需要将更多的注意力放在绿色包装及环境保护方面，提高企业的社会责任感。

（3）居民生活垃圾分类意愿不足

居民是城市生活垃圾的直接制造者，是生活垃圾减量最重要的环节之一，随着环保宣传工作的进一步展开，居民的生活垃圾分类等环保意识已经有了长足的进步，但在生活垃圾减量的环节中还是存在以下问题。

第一，环保意识的扩散存在盲点。少数居民环保意识很强，会自带购物袋出门、尽量少用一次性物品，但是也应注意到，还有相当多的居民环保意识薄弱，比如现在农贸市场的塑料袋一般是免费的，许多人并不顾忌，塑料袋用完就随便扔掉，还有不正规的饭馆、街边小吃一般也使用很多塑料袋、餐盒包装，居民吃完由于已经不干净了，随手扔掉，这些都造成大量城市生活垃圾。

第二，由于各种原因，居民分类意愿不足。从大量调查中可以发现，社区居民对生活垃圾分类非常支持，但由于一些客观原因导致生活垃圾分类现状并不乐观。比如关于末端处置和后期回收利用的真实信息向社会传递不足；分类标准不明确；社区宣传和动员的形式较为单一；分类运输体系仍未建立，未能取得居民信任，等等，都是导致生活垃圾分类进展较慢的主要原因。

总而言之，居民在生活垃圾减量中的作用举足轻重，居民是否支持生活垃圾减量的工作对生活垃圾管理的成功与否至关重要，然而居民的行动更多地取决于外在环境的约束，这就需要政府部门做更多的实际工作来改善。

（4）环卫作业部门缺乏透明度

环卫部门是政府在生活垃圾管理中的直接作业部门，主要职责包括城市生活垃圾的清运、转运及处理，处于生活垃圾减量的中后端，在最近几年取得了长足进步的同时依然存在一些不足，主要包括以下两个方面。

第一，分类运输体系建设落后，缺乏公众监督。分好的生活垃圾又混在一起，从而伤害居民的生活垃圾分类热情是环卫作业部门需要解决的问题。尽管一些"分好的生活垃圾"不一定符合要求（如干湿分类的要求），环卫部门也在实施分类运输上面临困难，但政府至少要做到：一旦某个社区的分类生活垃圾量达到了某种要求，政府就能够提供分类运输服务，并且保证不再混合。

第二，生活垃圾处理设施缺乏规划。环卫作业部门存在的普遍问题是项目未经规划就上，从而导致末端处理设施的招标、设计和建设过程

缺乏对公众的透明，甚至可能产生二次污染，这种污染可能对设施周边的公众、甚至更大范围内的公众产生环境健康影响。

总而言之，缺乏透明度与公众监督是环卫作业部门面临的最大难题，也是其在生活垃圾减量环节能够进一步改善之处。

（5）废品回收体系缺乏制度保障，行业竞争不公平

目前的废品回收体系和民间废品回收业属于城市生活垃圾管理的全过程的回收环节，其存在以下四个方面的问题。

第一，废品回收体系未纳入整个生活垃圾管理体系，在城市规划中没有位置。包括正规回收公司在内的废品回收业者往往得不到规划用地，随时有被拆迁的风险，也就不愿意进行大规模投资，阻碍了行业的正规化、标准化。

第二，没有建立着眼于生活垃圾管理的可回收物计量统计制度。我国存在大批民间废品回收业者，而政府对于他们收集的可回收物的量并没有准确的统计，导致生活垃圾产生量的统计存在很大偏差，资源化率也难以计算，从而影响生活垃圾管理目标的设定和评估。

第三，补贴制度不公平。从理论上说，废品回收减少了本来有可能进入生活垃圾处理设施的生活垃圾，属于生活垃圾的资源化，应该得到相应的补贴；而目前很多焚烧厂以"资源化"或"减少填埋量"的名义得到高额补贴，这有可能导致本应进入废品回收渠道的生活垃圾进入焚烧厂，这样的补贴制度不符合生活垃圾管理的优先顺序原则。

第四，行业内部存在不公平竞争，阻碍了行业的正规化发展。一些民间废品回收业者游离于工商和税务管理之外，财务成本较低。而相对较高的税负提高了正规废品回收公司的成本，降低了它们的市场竞争力。

相比于环卫作业部门，废品回收体系中的参与者更为市场化，然而生活垃圾管理毕竟是公共事业，缺乏利益驱动的市场参与者没有进一步发展壮大的动力，废品回收体系的完善需要政府发挥作用。

2.3.2 我国推进城市生活垃圾减量化的必要性

总结我国生活垃圾处理遭遇的问题和发展要求，有必要切实推进城市生活垃圾减量化。

（1）减少环境污染

随着生活垃圾产生量的逐年增长，生活垃圾种类的来源也日趋复杂，在自然存放状态下或处理过程中，一些有害成分会对大气、水体和土壤造成污染，给我们赖以生存的环境造成严重污染和危害。我国粗放式的生活垃圾处理尤其是填埋处置也造成土地被大量侵占，生活垃圾减量化可减少污染，减少生活垃圾围城现象。

（2）弥补资源短缺

生活垃圾的大量产生和环境污染归根结底是资源未能得到充分合理的利用。而资源短缺已成为当前人类社会可持续发展的制约因素和主要问题。生活垃圾减量化一方面可促进资源的合理利用，将生活垃圾资源化利用；另一方面可以减少生活垃圾处理投入的增长，从而节约大量资源。

（3）改善资金匮乏状况

生活垃圾处理数量上的增长和质量上的提高都需要投入更多的资金。我国城市生活垃圾处理费用主要来自政府，资金有限，而建设大型的卫生填埋场或焚烧发电厂均需大量资金，造成城市生活垃圾处理基础设施差，导致无害化处理率低，生活垃圾减量化将有利于提高生活垃圾管理的经济效益，从而改善资金匮乏的状况。

（4）促进可持续发展

可持续发展是世界各国在发展问题上的重大战略选择。消费作为社会再生产过程的最终环节，也是一个社会实现可持续发展的重要环节。可持续消费在满足人们基本生存需要的同时，考虑生态需要，在生产和使用产品或服务的过程中遵循代际和代内公平原则，生活垃圾减量化管理将有利于实现社会可持续发展。

2.3.3　我国推进城市生活垃圾减量化的紧迫性

（1）长期以来我国在解决生活垃圾管理的实际操作中，一直着力于加强末端治理技术的提升和改进，亟须转向减量化。

在 20 世纪 90 年代后，生活垃圾管理研究在资源化利用和无害化处理的具体技术领域取得了长足的发展，很多城市重视垃圾资源化、无害化，但忽视减量化。从我国现阶段的具体情况来看，随着人口数量和人均消费水平的飞速上升，近十年来，城市生活垃圾年增长速度为 5% ~ 8%，而生活垃圾处理处置设施建设和管理因为资金不足等多种原因长期处于置后状态，导致无害化处理率远低于应有水平。随着城市化扩张速度的加快，城镇土地资源稀缺性必将成为限制生活垃圾终端处置发展的瓶颈。因此，被动式的城镇生活垃圾资源化利用和无害化处理既不能缓解现有问题，也不利于解决长远矛盾，只有从源头上减少生活垃圾的产生，对生活垃圾分类回收、循环利用，再以与环境相容的方式处置生活垃圾才是正确方向。

（2）高昂的处理成本使我国城市生活垃圾处理陷入了困境，也促使我国必须加速推进生活垃圾减量化。

在我国城市生活垃圾管理一直被作为社会公益事业由政府一家包揽或承担主要出资，虽然向生活垃圾排放者征收一定的处理费，如向城市居民征收城市生活垃圾清理费及城市生活垃圾处理的实际成本，也仅是杯水车薪。根据建设部城市建设司的资料，城市生活垃圾处理投入大、处理成本高，体现在以下三个方面：一是 1 座日处理能力为 1000 吨的填埋场，需投资 2 亿 ~ 3 亿元，每吨生活垃圾处理成本（含投资成本）达 60 元 ~ 80 元；二是日处理 1000 吨生活垃圾焚烧工程需投资 4 亿 ~ 6 亿元，平均每吨生活垃圾处理成本超过 150 元；三是我国城市生活垃圾的发热量低，约为发达国家的 1/3，并不适合焚烧，一般生活垃圾加煤焚烧，成本很高。按照环保要求，焚烧后飞灰由于含有超量有毒有害物质，应按危险废物处置，处置成本高达每吨 1500 元。因此，加速推进减量化，大幅度降低生活垃圾最终储量是降低我国生活垃圾处理成本的根本途径。

（3）我国城市生活垃圾处理亟须改变资金供给和使用方式

我国城市生活垃圾的收集、运输和处理一直被视为公益事业，其经费来源于国家和地方的财政拨款。具体而言，主要来自城市维护和建设资金。用于生活垃圾清运和处理的环境卫生费用与城市房产、供水、燃气、集中供热、公共交通、市政工程、园林绿化等共同构成了城市维护和建设资金的支出范围。

从资金供给方面来看，大城市的环境卫生费用增长很快，但资金总量仍然处于较低水平，到 1995 年国家对这些城市投入的环境卫生费用也仅有 57.5 亿元，其他中、小城市的环境卫生费用投入更低。这些统计数据可以在一定程度上反映出中国用于生活垃圾管理方面资金供给不足的情况。

从资金需求方面看，环境卫生费用的支出主要用于收集、运输、生活垃圾处理设施的建设，费用通常都比较高。随着生活垃圾产生量的增加以及对生活垃圾处理上的环境保护要求越来越严格，生活垃圾处理设施的工程费用还将进一步增加。巨大的一次性资金投入令许多城市难以承受，致使环境卫生设施简陋，大量生活垃圾得不到适当处理的现象很普遍。

城市生活垃圾无害化处理工程不仅建设费用较高，其运营费用也较高，目前中国一般生活垃圾填埋处理的运行费用大约 30 元/吨，焚烧、堆肥处理的运行费用要高一些。这个数据还仅仅是生活垃圾处理的运行费用，如果将生活垃圾处理设施建设投资考虑进去，实际单位生活垃圾的处理费用更高。

目前，中国生活垃圾管理方面的资金还相当缺乏。假设全部采用一般的卫生填埋处理方式来考虑，按照目前对生活垃圾进行收集和处理的单位平均成本 100 元/吨来计算，2016 年中国年产生活垃圾 1.9 亿吨，需要的总费用应为 190 亿元，这与目前中国可供支出的环境卫生费用相比还有较大差距。另外，随着中国城市生活垃圾产生量的不断增加，以及人们环境意识的加强，对生活垃圾管理的要求越来越严格，无论是生活垃圾处理数量上的增长还是生活垃圾处理质量上的提高，都需要投入更多的资金，这使政府在生活垃圾管理方面将面临更大的资金压力。资金的问题如果得不到解决，那将意味着大量的生活垃圾难以满足无害化的要求，人们不得不继续增加环境卫生事业的投入，并努力提高资金的利用效率；另外，有必要实行生活垃圾的减量化管理。生活垃圾数量的减少能够降低生活垃圾管理的费用，缓解资金紧张的矛盾，从而使更多的生活垃圾能够得到适当的处理，人们生存环境得到改善。总之，就降低生活垃圾管理费用，缓解生活垃圾管理资金严重不足的局面而言，生活垃圾减量化在中国具有重要的经济意义。

2.3.4 城市生活垃圾减量化的可行性

当前我国最常见的城市生活垃圾处理方法是卫生填埋法，这些城市生活垃圾大多没有经过分类处理，里面掺杂着一些有毒害性物质如废旧电池、废旧电器等（此类物质属于危险废物，国家明文规定严禁用填埋法处理），也有许多可回收利用的物质如废纸、金属、玻璃等，这些生活垃圾不经处理，直接填埋，既会造成严重的污染又会造成部分可利用资源的浪费，同时还会增大填埋场的处理量，缩短填埋场的使用寿命，造成不必要的经济损失。

在目前生活用能源仍以燃煤为主的能源结构未调整以前，中、小城市的生活垃圾可以首先进行减量化再进行其他处理。早在 2003 年胡献舟的论文"城市生活垃圾减量化调查分析"中调查分析了长沙市的一所寄宿制学校和某居民区，在为期一周的实地调查中，从城市生活垃圾分类调查的情况来看，城市生活垃圾重量减少 50% 左右，由此可以得出结论，对城市生活垃圾减量化处理是可行的。

生活垃圾减量化途径还有很多，比如从生活垃圾源头减少生活垃圾的产生量，实行净菜进城，把不能食用的菜根、菜叶和牲畜屠宰物留在城外农村，作农肥利用，净菜进入普通家庭，腐殖质垃圾也将减少。而纸类等物质的含量将会提高，从而城市生活垃圾中可利用成分会越来越多，需进行填埋处理的生活垃圾越来越少。

我国政府有关部门已经就此做出了一些具体规定，许多城市也在开展此项工作，并取得了一定的成效。随着城市居民生活水平的提高，居民燃料结构变化，生活燃料方式改进，石油液化气、煤气、天然气将逐步代替煤炭，灰分的产生量将急剧下降，将对生活垃圾减量产生明显效果。

2.4 城市生活垃圾减量化政策研究

2.4.1 源头减量政策

城市生活垃圾的产生量受众多因素的影响，其中包括人口因素、社会文化因素、生活垃圾收费及绿色商品比例等。人口的控制是一个更为复杂的问题，受众多其他因素的影响，不能为生活垃圾减量制定简单的人口政策，所以本书从另外三个方面来考虑城市生活垃圾源头减量的控制方法。

（1）社会文化方面

社会文化方面可以从两个思路展开生活垃圾减量工作，一个是关键性的生活垃圾分类工作，另一个是加强宣传提高居民环保意识，鼓励居民在生活的一点一滴中参与到生活垃圾减量中。为了推动生活垃圾减量分类，近几年来，北京市有关部门投入了不少财力、物力。但就目前情况来看，生活垃圾减量分类的效果还不能令人满意。这其中有客观原因，比如城市化进程不断加快，城市人口增长和生活水平提高都超出了预期，生活垃圾处理能力和硬件设施投资难以同步跟进。但更重要的还是主观原因，即粗线条的生活方式与管理方式尚未得到根本性的转变，而生活方式与管理方式，恰恰是决定一个城市文明与发达程度的关键因素。结果，一方面生活垃圾减量分类没有完全成为普通市民的生活习惯和自觉行动；另一方面，有关部门对生活垃圾减量分类缺乏精细化、系统性的管理，不利于生活垃圾分类工作开展。

政府应加大宣传、加强环保教育以强化人们的环保观念，使居民在

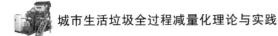

日常生活中自动采取利于环境保护的做法，减少生活垃圾产生，这样可以在节约资源和减少污染的同时改善环境卫生。改变人的行为习惯必然带来生活垃圾产生状况的本质性改变，是长期艰巨的任务。

总而言之，只有普通市民不仅成为一座城市的生产者、消费者，城市资源和现代化生活的分享者，也成为这座城市的治理者，以脚踏实地、一丝不苟、人人动手、不厌其烦的态度，做好生活垃圾减量这样的身边小事，自觉创造更良好的生产环境和生活环境的时候，共建共享文明的社会氛围才能够真正形成，生活垃圾处理等社会难题才能够得到真正破解，文明、绿色的现代化城市才能够真正建立。

（2）生活垃圾收费方面

废弃物收费制度是解决废弃物环境污染的重要经济手段，科学制定城市废弃物收费制度，有助于促进社会公平、提高经济效益与调动公众参与改善环境积极性，有助于废弃物减量。北京目前的生活垃圾收费制度存在着诸多弊端，例如，只重视生活垃圾末端治理而忽略生活垃圾的全过程治理，只重视按户收费而忽略按生活垃圾排放量收费，缺乏对环境保护的奖励手段，等等，从而导致交易成本高、公平性缺失等问题。

北京市政府已经开始探索城市生活垃圾的计量收费制度，虽然面临重重难题，但城市生活垃圾收费制度的综合改革已经箭在弦上，并且在很大的程度上有利于城市生活垃圾的源头减量和中间减量。

（3）绿色商品比例方面

绿色商品改革主要包括两个方面，一方面是商品原材料的绿色化，主要包括净菜进城方案；另一方面是商品的绿色包装，即抵制商品的过度包装。

目前，净菜进城还未做到令人满意。主要是受居民的生活观念影响，居民认为有根、皮甚至泥的菜新鲜。实现净菜进城需要政府推动，企业运作。即政府要采取行政干预，制定相关经济政策，并逐步推广与规范净菜进城；企业采用现代化管理手段，规模效益与连锁经营，降低净菜成本与价格，使净菜进城顺利实施。还要加强宣传，使人们了解净菜进城的必要性。

我国人均资源占有率低，发展包装工业必须保护环境。我国每年县以上城市产生包装生活垃圾 1500 万吨，某些大中城市"工业生活垃圾"和"城市生活垃圾"中包装物占比大于 40%。国内使用的大部分塑料包装需百年才能完全分解，且人工处理难度极大。

目前包装污染严重，治理污染措施又不得力，应尽快限制过度包装与使用一次性产品，其要点是：制定规定实现依法管理，规范征收过程；明确和落实生产、销售与消费者责任；用经济手段来限制包装材料资源使用，鼓励循环利用与回收利用。

2.4.2　中间减量政策

中间减量包含两个环节，分别是生活垃圾收集和生活垃圾回收，在城市生活垃圾产生数量一定的前提下，生活垃圾的收集量越大、回收量越大，则有害生活垃圾最终的累积量越小。影响生活垃圾收集量及回收量的主要因素包括生活垃圾收费政策及生活垃圾回收价格。本节着重介绍如何发挥回收价格在城市生活垃圾减量中的杠杆作用。

针对生活垃圾回收，目前的研究还不够深入。随着取消了对废品回收倾斜的政策，废品回收从经济上难以持续，不断萎缩。因此，在改造现有商业系统废品回收网络以外，建立居民区回收点来完善回收网络，成立专门的协调机构协调回收利用的政策及回收物质再生利用，等等，是回收有序化的难点。城市生活垃圾管理是包含多个要素的复杂体系，有众多参与主体与利益关系。价格机制影响居民社会行为，也影响城市废弃物处理的运行效率。

使用经济手段适当提高生活垃圾回收价格，实施回收奖励政策增强回收力度，完善回收设施和政策，提高回收物品循环再利用，以此降低城市废弃物最终的产生和处理。城市生活垃圾回收一方面可以减少末端生活垃圾的处理量，同时还可以提高资源的再利用率，所以回收率的提高对于城市生活垃圾的减量以及环境保护举足轻重。在运用经济杠杆的过程中需要认识到在市场化的环境下，回收价格并不是越高越好，回收价格太高会降低回收企业的积极性，反而不利于回收率的提高。所以通过调查和深入研究，制定市场化的回收价格，有效提高城市生活垃圾回收率，将对城市生活垃圾的减量化工作起到杠杆的作用。

中间减量的政策包括加强产业政策、资源使用政策等，尤其是与环境资源保护有关的政策制定，同时要加强环境法、消费法及消费制度的建设，等等。给予生活垃圾减量行业、分类回收行业、资源化行业、生活垃圾处理企业等财政补贴保障，帮助企业提高处理技术和环境保护技术，并逐步引入竞争机制促成生活垃圾处理全过程产业化，推进循环经济建设。随着北京市经济的发展，未来的生活垃圾收集设施及城市生活垃圾回收渠道将越来越健全，这都将大大有利于城市生活垃圾的中间减量效果。

2.4.3　末端减量政策

城市生活垃圾的末端减量影响因素较少，主要受无害化处理率及末端处理技术的影响，其中无害化处理率包括生活垃圾的资源化率，而这也是城市生活垃圾未来发展的新方向。科技的进步可增加可利用废弃物的种类及深度，提高综合利用率，加强生活垃圾资源化技术的研究，为城市生活垃圾减量化资源化提供硬件支持是非常必要的。政府要着力形成对生活垃圾处理行业发展的科研技术支撑和保障机制，从而实现生活垃圾资源的综合循环利用。

（1）生活垃圾处理技术政策

在北京，城市生活垃圾的主流处理方式是填埋加焚烧。填埋和焚烧，这两种方法既污染空气环境、占用土地、浪费资源，又不能彻底解决问题。比如，堆肥处理的减量只有 40% ~ 50%，大量的生活垃圾又回到了填埋场；焚烧增加大气粉尘和有害气体。正因为如此，目前美国生活垃圾焚烧厂由 120 多座减少到了 70 多座。自 20 世纪 70 年代起，日本率先封杀了生活垃圾填埋。随后，欧、美、中国也相继改生活垃圾填埋为焚烧。

处理技术的进步（比如减少生活垃圾焚烧的粉尘污染、提高生活垃圾填埋的渗透液处理率等）不但可以从根本上解决填埋、焚烧等传统生活垃圾处理方式对环境造成的种种不良影响和后果，而且可将生活垃圾中的绝大部分有价值的资源回收，其自动化程度高、能耗低、性价比优，具有良好的经济效益和巨大的社会效益。推动生活垃圾处理技术的进步与改革将有效提高城市生活垃圾的末端处理效率。

国务院《"十二五"全国城镇城市生活垃圾无害化处理设施建设规划》提出，2015 年，直辖市、省会城市和计划单列市城市生活垃圾全部实现无害化处理，到"十二五"末，无害化处理能力中选用（无害化）焚烧技术的达到 35%，东部地区选用（无害化）焚烧技术达到 48%。

（2）生活垃圾资源化政策

在资源化方面，要提出一些操作性强的法律规范，如《废旧轮胎回收利用管理办法》《废旧家用电器回收利用管理办法》等，将生活垃圾资源化逐步纳入法制管理轨道。认真落实国家资源化利用的有关政策，加大公共财政对资源化利用的支持力度，并且在信贷等方面给予必要支持，如废旧物资回收企业免征增值税的政策，翻新轮胎免征消费税政策等。

2.5　国际经验的比较研究

本书选择了瑞典、日本、德国、加拿大、美国、英国等国家，其在城市生活垃圾减量化上有很多成功的经验。

2.5.1　发达国家成功的经验

城市生活垃圾减量化的先行经验，除了都特别重视法律法规规政策建设外，特别强调公众宣传教育活动。生活垃圾的管理，离不开公众的参与和支持，法制和教育很重要。除了上述共同经验，每个国家还各有特点。

（1）瑞典

瑞典重视生活垃圾减量化，具体措施包括：一是源头减量，主要采取确立生产责任制、建立押金制度、建立居民垃圾分类收集系统、建立生活垃圾收费制度、征收碳税，以及实行环境罚款。二是将生活垃圾的产生量降低到最小，最大限度地实现生活垃圾资源的回收与再利用。三是改进生活垃圾收集方式和卫生情况，促进生活垃圾的无害化处理。

（2）日本

日本在亚洲国家中属于很重视生活垃圾减量化的国家，突出的特点是以资源循环利用为核心采取治理措施：一是实行促进资源生活垃圾再循环的经济对策，促进生活垃圾的减量化和资源化。二是推广使用再生产品，积极建设资源生活垃圾再循环中心和废家电再生工厂，努力开发再循环技术。

（3）德国

德国重视生活垃圾减量化，具体措施包括：一是建立生活垃圾分类回收系统，二是注意用经济手段促进生活垃圾减量，三是利用和开发资源化技术，建设资源生活垃圾分选、处理和再生利用设施。

（4）加拿大

加拿大注重生活垃圾分类回收利用。主要措施包括：蓝色桶回收系统。政府向每家每户提供一个蓝色桶，用来回收报纸、玻璃、瓶罐和塑料容器等；大件生活垃圾和白色生活垃圾回收。居民生活垃圾减量化中8%是通过大件（废旧生活垃圾）和白色家电生活垃圾项目实现的。居民危废生活垃圾和电子生活垃圾的收集：具有腐蚀性、有毒、爆炸性和易燃警告符号的产品是危废生活垃圾，必须送到当地居民的危废生活垃圾收集站或堆放站。废旧电子电器回收再利用主要经由各省的立法和生产者延伸责任来开展。绿色生活垃圾桶项目，收集居民有机生活垃圾用于堆肥，同时还极力推广家庭堆肥，又称为后院堆肥。

（5）英国

英国城市生活垃圾治理的四大特点：一是生活垃圾处理的每个主要方面都有法可依，法律是走向善治不可缺少的因素；二是中央政府把握战略目标的同时给予生活垃圾治理第一线的地方政府充分的自主权；三是有效利用以生活垃圾填埋税为核心的经济政策，从而给地方治理向科学、合理方向发展提供了动力；四是地方政府通过便民设施的提供鼓励民众参与垃圾减量，培养民众的生活垃圾回收意识，民众以义务参与的各种方式为地方政府的生活垃圾治理做出贡献，真正形成了官民良性互动的环保机制。

(6) 美国

美国突出生活垃圾全过程减量。一是源头减量，包括产品过程减量、资源生活垃圾分类回收系统、多种形式的回收方式、押金制度、生活垃圾收集制、奖励机制，以及采用生活垃圾磨使生活垃圾减量、庭园生活垃圾堆肥；二是循环再生，通过再生制品的使用，促进生活垃圾的再循环；三是资源化实用技术。

2.5.2　对中国的启示

结合我国城市生活垃圾减量化现状来看，发达国家城市生活垃圾减量化成功经验对我国推进城市生活垃圾减量化有积极的启示。

(1) 加强对公众的环境意识教育

城市生活垃圾源于千家万户，要搞好生活垃圾的管理工作，离不开公众的参与和支持。各个城市要结合生活垃圾分类收集、生活垃圾收费等改革措施，充分利用各种媒体进行环境法规宣传教育活动，普及环境科学知识，强化环境意识，提高公众法制观念，让每一位市民都认识到环保是大家共同的重要事情。大力宣传生活垃圾分类回收的好处，让大家产生生活垃圾分类意识，掌握生活垃圾分类知识，养成良好的生活垃圾分类、投放习惯，都主动实施生活垃圾分类。

各项调查数据显示：超过 70% 以上的公众把新闻媒介作为最主要的获取环境信息的渠道。电视、广播、报纸、杂志等新闻媒介具有巨大的舆论作用，对于向公众进行环境宣传教育，提高公众的环境意识具有十分重要的作用[40]。发达国家十分重视城市生活垃圾减量化教育，往往从幼儿园抓起。

政府应广泛利用各种新闻媒介向公众宣传城市生活垃圾处理和环境保护方面的知识。例如，在电视节目中播放公益广告，在街头或者上门发放关于生活垃圾处理等环保知识的宣传单或手册，多举办一些宣传教育活动如环保知识展览和专家讲座，等等。政府要坚持长期宣传，以达到良好的宣传效果，提高公众的思想觉悟，形成良好的社会风气。

中小学生环境意识水平的高低对整个社会环境意识水平有着长远的影响，提高中小学生的环境意识水平是提高全社会环境意识的基础工作。在中小学教育中要坚持进行环境保护知识的学习教育，使中小学生从小就形成良好的环保意识。

公众参与是生活垃圾管理的重要环节之一。要从百姓抓起，将环境教育课程纳入学校大纲中去，从小培养孩子们的环境意识，自觉重视、维护环境质量和环境管理，积极配合生活垃圾减量化实施。此外，应通过各种媒体，强化宣传生活垃圾减量化的现实意义和社会意义，从根本上促进城市生态经济系统和能量的良性循环，实现经济效益、社会效益和环境效益的协调统一。

（2）完善相关法律和政策体系

发达国家普遍重视以法治国，在城市生活垃圾减量化上更是普遍出台并严格执行法律，强调发挥法律的强制作用，依法治理城市生活垃圾。

我国目前有关城市生活垃圾管理的法律还不够完善，应加快修订相关法律法规，完善相关管理制度。《固体废弃物污染环境防治法》对城市生活垃圾做出了全面的规定和要求，但仍需制订其他配套法规和专门法规落实细化[37]。例如，关于生活垃圾分类收集处理，还没有制定一部专门的法规予以规范和指导；对于废旧电池等危险废弃物，也亟须制定专门的管理法规及条例。

地方政府应积极发挥城市生活垃圾减量化管理职能作用，制定和完善具体的地方城市生活垃圾处理相关法规和标准，使有关部门能够依法加强管理，规范城市生活垃圾处理行为。地方政府还要重视法律、法规的落实和检查督促工作，制定奖惩制度。在针对城市生活垃圾开展的管理工作中采取奖惩并举、奖励为主、惩罚为辅的原则，使法律、法规能够真正落到实处。2010 年，广州市制定了《广州市城市生活垃圾分类管理规定（征求意见稿）》并向市民征集意见。在征求意见稿中，广州拟安排专项资金用于城市生活垃圾分类管理及有关设施的建设和维护，并明确提出为实施生活垃圾分类制定处罚条款，处罚金额视违反情况从 500 元至 3000 元不等。

（3）改革管理体制，加快市场化运作

发达国家多是市场经济国家，除了重视城市政府在城市生活垃圾减量化上的管理责任外，也十分重视在城市生活垃圾减量化中发挥市场机制的作用。

我国政府生活垃圾管理上，为了避免管理中出现"多头管理"等问题，提高城市生活垃圾的管理效率，必须要优化改革现有的管理体制，明确划分各部门的职责范围，只有做到职责明晰，相关职能部门才能将各自的责任真正落实到位，切实实行地方责任制，明确地方的管理职责，加强地方管理力度。

城市生活垃圾的管理要做到"政企分开"。政府部门应转变职能，主要参与政策制定和监督管理工作，生活垃圾减量化处理工作逐渐从政府部门剥离，推向市场。由社会相关企业承包生活垃圾减量化处理，生活垃圾产生者向处理公司支付一定的处理费用，而政府无须再提供大量生活垃圾清运、处置的财政补贴，生活垃圾处理公司实行市场化运作，自负盈亏。制定合理的生活垃圾收费管理制度，使居民以市场的方式参与到生活垃圾处理系统中。这样不仅引入了市场竞争机制，有利于提高生活垃圾处理效率，还极大地减轻政府财政负担。从而通过政企分开，建立起政府和企业双赢的市场机制，让城市生活垃圾处理厂家以市场机制运行。

（4）积极采用国外城市生活垃圾减量化适用技术

加大对各地区城市生活垃圾产量和性质的研究，以便能利用适宜的方法处理。已有几类方法从总体上看各有其功能，一般来说不是替代关系，而是互补关系，应因地制宜地进行技术选择。

建立适当规模的城市生活垃圾减量化示范工程。加强对各类方法在各地区适用性和经济性的研究，建立示范工程，发挥其示范和实际研究作用。杜绝盲目借鉴国外技术，要在对我国城市生活垃圾特性和经济基础的充分分析下，将其转化为适合我国城市生活垃圾的处理方法后再应用。

建立适用的城市生活垃圾分类器具开发。当前我国城市生活垃圾器具与市民常识、生活习惯有很大偏差，不利于引导市民进行城市生活垃圾分类。借鉴国际经验，要加强对城市生活垃圾进行分类收集的力度，政府和企业要加强简易、方便的生活垃圾分类收集运输装置的研究和开发。

鼓励使用沼气和再生有机肥。发达国家十分重视有机生活垃圾堆肥。含水率高的有机生活垃圾利用高效的厌氧消化，可以产生清洁能源沼气，残余物经过好氧后处理还可以当作肥料。城市政府要制定政策，鼓励沼气发电产业和液化沼气产业的发展；对于符合标准的生活垃圾堆肥，鼓励在城市绿化和林业方面优先使用，逐步减少化肥使用量。

2.6　本章小结

本章系统分析了现阶段我国城市生活垃圾及其减量的现状，提出存在的问题。可以看出，城市生活垃圾减量化存在诸多问题，一方面是各个主体自身存在的问题，另一方面是主体之间的协调问题。对比国际经验，如果能够对城市生活垃圾减量全过程环节进行分析，就可得出各环节影响因素和反馈关系，在此基础上建立城市生活垃圾全过程多级减量化模型，这对于各个主体采取更为有效的行为达到城市生活垃圾减量化的共同目的是有帮助的，比以往更为系统化和清晰化。

第3章 城市生活垃圾全过程
减量化理论研究

3.1 城市生活垃圾管理理论

3.1.1 城市生活垃圾分类研究

（1）纸类城市生活垃圾

根据产品用途分类，常见废纸包括各种包装用纸、书报期刊用纸、办公用纸和生活用纸。其中，生活用纸主要指纸巾与卫生用纸，因水溶性太强而不可回收，不属于可回收类城市生活垃圾。

单位：万吨

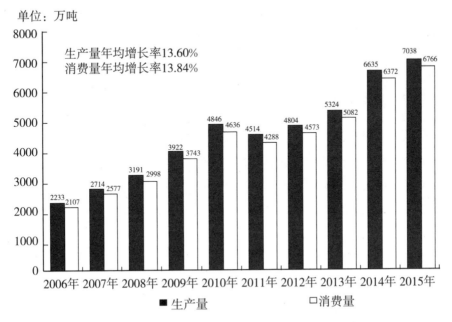

图 3-1 我国纸制品生产量与消费量（2006—2015 年）

资料来源：中国造纸化协会。

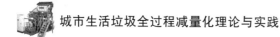

中国造纸协会数据显示：2006—2015 年，纸制品生产量年均增长率为 13.60%，消费量年均增长率为 13.84%，全国 2015 年消费量达到 6766 万吨（参见图 3-1）。纸产品消费构成中，55% 用于包装，24% 为印刷书写等文化办公用纸，10% 为新闻纸和 8% 为生活用纸[24]。纸制品消费量的增加，直接引致纸品生活垃圾的增加。以北京为例，根据 2015 年北京市城市生活垃圾排放量 790 万吨、纸类生活垃圾占 11.74% 来计算，纸类生活垃圾年产生量为 93 万吨。

（2）塑料类城市生活垃圾

作为全球最大的塑料生产国和消费国，2010 年后我国生产了全球 1/4 的塑料，消费量占全球总量的 1/3。即便在塑料加工业增长开始放缓的 2014 年，中国的塑料制品产量也有 7388 万吨，国内消费量高达 9325 万吨，分别比 2010 年增加了 22% 和 16%，日常生活用塑料制品占全部塑料制品比例较大。巨大的需求量和使用量产生大量的塑料生活垃圾，2015 年我国废塑料 1800 万吨，2016 年则达到 1878 万吨。我国产生的废旧塑料中，包装材料约占 38%，薄膜约占 8%，日用塑料制品约占 49%，其他约占 5%。塑料主要应用在农业、商业、家庭三方面，这是废旧塑料的主要来源。

（3）玻璃类城市生活垃圾

虽然大部分包装器皿玻璃如奶瓶和啤酒瓶通常能循环再使用，但是大部分灯泡、建材玻璃、镜子、非常规包装容器等玻璃生活垃圾难以通过自然循环或者一般物理化学途径分解与处理，严重影响生态环境自我净化。国内年产废旧玻璃约 6600 万吨，目前年回收量约 850 万吨，回收率只有 13%[26]，绝大部分未回收。

玻璃类废弃物在城市生活垃圾中的占比在 2% 左右，尽管总量不大，但构成比较复杂。既有啤酒瓶和玻璃瓶，又有各种碎玻璃；既有成分单一的玻璃，又有成分复杂的玻璃。这都导致了玻璃类生活垃圾回收统计的困难，我国对玻璃类生活垃圾还没有较为权威的分类统计，只是对总量有一个较为笼统的估计以及对回收率一个较为粗略的认识。

（4）金属类城市生活垃圾

废金属是城市生活垃圾中常见构成之一，包括废钢、废有色金属等。大多数废旧金属再生工艺比较简单，工序少，流程短，且有害杂质少。钢厂利用一吨废钢炼钢，与用开采铁矿石炼钢比较，一吨废钢节约两吨成品矿。

据工信部统计，国内废有色金属积蓄超过 2 亿吨，已成为优质矿产资源的"城市矿山"，是再生有色金属产业的资源宝库。废金属的拆解、冶炼和加工再利用对节能、节水与减轻固废和有害气体排放，缓解环境压力，节约大量资源发挥出重要作用[28]。

（5）厨余生活垃圾

我国年废弃物产量以约 10% 的速度增长，厨余生活垃圾产量年增速达 500 万吨。部分城市厨余生活垃圾占废弃物比为：北京 37%，天津 54%，上海 59%，沈阳 62%，深圳 57%，广州 57%，济南 41%。就总体来看，中国家庭厨余生活垃圾占废弃物比例在 30% 左右[29]。

餐厨生活垃圾易变质、腐烂或发酵，滋生害虫，产生毒素，散发恶臭，污染水源与大气，直接排入下水道将致使下水道堵塞。另外，厨余生活垃圾构成复杂，有水、蔬菜、果皮、肉等多种物质，且常混有废餐具、纸巾、塑料等，含有各种细菌和病原菌，可能危害人体健康。目前，在我国，厨余生活垃圾堆肥、产业化处置尚属于实验、试点阶段，城市厨余生活垃圾并没有得到妥善的处理和利用，大量占用填埋场，致使填埋场二次污染，生活垃圾处理费增加。

（6）有毒有害的生活垃圾

其他生活垃圾占城市生活垃圾不到 4%，其中有毒有害废弃物所占比例则更小。尽管如此，国内目前主要采取深埋、焚烧、包装堆放等处理方法，产生二次污染，且成本较高。以一节 1 号电池为例，烂在地里能使 1 平方米的土壤永久失去利用价值，而一粒纽扣电池可使 600 吨水受到污染，相当于一个人一生的饮水量[30]。

据统计，1998 年以来国内电子废物产量约为年均 111 万吨，以年

25% ~30% 速度增长[31]，2015 年废电池产量达 160 亿只，名列前茅，占全球 1/3 以上。我国每年产生的废铅蓄电池量超 330 万吨，但正规回收比例不到 30%。家庭过期药品的收集率极低，社区和药房里设置的过期药品回收箱不是"喂不饱"，就是难觅踪影，居民大多不知道或质疑，家庭过期药品回收处境尴尬。

3.1.2　城市生活垃圾分类收集

（1）我国生活垃圾分类回收的现状

我国生活垃圾分类回收还处于推广阶段，仅限于少部分大城市。尽管早在 2000 年，北京、上海等地就被确定为"城市生活垃圾分类收集试点城市"，但过了 17 年，到 2016 年中国生活垃圾分类的效果仍不尽人意。以北京为例，"十二五"期间，北京在 3700 多个小区开展了生活垃圾分类的试点示范，占全市物业管理小区的 80%。但据调查，多数小区在每天早晨，所有生活垃圾桶中的废弃物都呈现无序状态，生活垃圾分类的宣传板沦为摆设。2015 年，有媒体曾对中国的生活垃圾分类现状进行网络调查问卷，在参与其中的 2000 人中，仅 12.5% 的受访者感觉生活垃圾分类效果显而易见。有些城市对生活垃圾分类回收进行了一些初步的尝试，但由于种种原因，生活垃圾分类回收都先后夭折。大部分城市的生活垃圾依然采用混合收集的方式。

生活垃圾分类处理水平低，市场上缺乏综合性利用的企业。生活垃圾分类回收是为了更好地处理和利用生活垃圾，这是生活垃圾分类回收的出发点和着眼点。有些城市的生活垃圾分类处理体系不完善，分类设施缺乏，不能对多样化的生活垃圾分类回收。大部分中、小城市只有简单的生活垃圾填埋这种单一处理生活垃圾的方式，没有生活垃圾堆肥厂、生活垃圾焚烧厂，拥有生活垃圾综合利用厂的城市更少。由于消纳生活垃圾的工厂太少，使生活垃圾找不到合适的利用厂家，导致分类好的生活垃圾又被重新运到填埋厂，而为数不多的生活垃圾利用工厂又因收集不到足够的原料只能停产。由于对一些有害生活垃圾不能采取特殊处理，导致有害生活垃圾和普通生活垃圾混合堆放。总而言之，我国的生活垃圾综合处理水平只相当于发达国家 20 世纪七八十年代的水平。我国城市生活垃圾综合利用水平低，适应于循环经济的废物回收和再利用还处于一个初级的、自发的、无序的状态，城市生活垃圾没有足够的专业化、社会化，还处于一个小打小闹及非完全处理的水平上。低水平的企业和分散的市场制约了生活垃圾分类回收的发展。

生活垃圾分类回收在城市不同的区域开展不均衡。在城市一些公共场所，如商场、娱乐场所、街道两旁，人口流量大，人口素质差别大，同时这些场所的生活垃圾成分差异性大，这些区域实行生活垃圾分类回收相对难度较大。一些老旧住宅区或者城市的城中村，由于历史原因，卫生状况一直较差；人们乱扔生活垃圾的习惯，造成生活垃圾分类回收的推广难度较大。在一些中、高档小区、行政服务中心、学校，这些区域由于人口的组成成分单一，素质较高，流动人口较少，实行分类回收的难度较小。因此，在城市的不同区域，生活垃圾分类回收开展不均衡。

生活垃圾分类体系不完善，标准不统一，强制分类制度刚刚颁布。各个城市间生活垃圾分类的标准不一，国家也没有统一的生活垃圾分类回收标准，易造成生活垃圾投放的盲目性，也使生活垃圾分类箱达不到应有的效果。鉴于这一问题，2017 年 3 月底，国家发改委、住建部发布《城市生活垃圾分类制度实施方案》，要求在全国 46 个城市先行实施城市生活垃圾强制分类。

（2）城市生活垃圾分类收集模式

分类收集是指在生活垃圾产生源头按不同组分分类的一种收集方式。如果说分类收集是针对居民城市生活垃圾的重点管理，分流则是设计整个城市生活垃圾物流的全局管理。城市可从系统理论出发，将诸如菜市场生活垃圾、餐饮生活垃圾和厨余生活垃圾、行政办公生活垃圾、街道广场生活垃圾及居民城市生活垃圾等按不同产生源进行"分流"管理，分别纳入有机生活垃圾通道、可回收或高热值生活垃圾通道、填埋处置通道。在实际允许情况下，再进行生活垃圾的分类回收处理。餐饮厨余或菜市场生活垃圾应委托环卫部门的垃圾，再加工制作成饲料、生产配料或直接堆肥。行政办公部门的垃圾，回收有用物品后进行焚烧。街道广场生活垃圾由环卫部门统一负责清扫收集，然后进行卫生填埋。居民城市生活垃圾由社区居委会或物业管理公司负责收集，委托环卫部门运输至综合处理基地。这种城市生活垃圾的分流管理不仅提高了环卫部门对生活垃圾管理的效率，更有利于生活垃圾中间阶段的分类运输和末端的分类处理，有效地实现了生活垃圾处理的减量化、资源化和无害化。

（3）城市生活垃圾分类收集措施

政府高度重视。明确将生活垃圾分类作为生活垃圾治理对策，市、区两级政府及有关部门应该统一认识、高度重视。把生活垃圾分类同其他环保、环卫政策有机地结合起来，制定分步实施的具体方案，充分发挥政府和群众组织的作用，具体组织实施。

坚持依法管理。制定适合本地实际的有关生活垃圾分类收集的标准与强制性规章制度，如《生活垃圾分类制度》《生活垃圾分类管理办法》《生活垃圾收费制度》《新建住宅生活垃圾处理建筑规范》等。严格执行《城市生活垃圾管理办法》，明确责任部门，以规范人们行为。

提供技术支持。一是分发收集袋，设置收集箱。由环卫部门向居民无偿分发生活垃圾袋或设置生活垃圾箱，并向居民讲解分类收集意义及分类收集方法，保障分类收集的顺利进行。二是保障分类运输。分类收集要求环卫部门改变过去生活垃圾混合收运的状况，对分类后的生活垃圾配备不同的车辆运到不同的目的地，进行分类运输。三是实行生活垃圾分类处理。从生活垃圾处理体系的全过程管理上讲，生活垃圾分类收集是生活垃圾分类处理的前提与准备，而生活垃圾分类处理是生活垃圾分类收集的保障和延续。没有分类处理的分类收集必然是劳而无功、劳而无获。"前期分类收集，后期混合处理"的尴尬局面，必然严重挫伤群众的积极性，给分类收集的推广带来更大的难度。市级环卫主管部门应建设与分类收集相配套的城市生活垃圾堆肥场，城市生活垃圾焚烧发电厂，城市生活垃圾卫生填埋场及城市生活垃圾综合处理场。

（4）城市生活垃圾分类回收的意义

城市生活垃圾分类回收能更好地实现生活垃圾资源化目标，是生活垃圾产业化的必由之路。城市生活垃圾具有一定的时空相对性，随着时间、空间和经济技术条件的变化，生活垃圾可以得到资源化的利用。随着经济技术的发展，我国生活垃圾资源化的能力越来越强，生活垃圾资源化效率达到 50% 以上。生活垃圾资源化带来的经济和环境效益非常可观。

城市生活垃圾经过分类回收，经过资源化利用，达到减量化效果。生活垃圾分类回收后，有用的生活垃圾被分离出来，重新进入到物质的循环过程当中。经过回收处理后，生活垃圾量最终能减少到 50% 左右，有些资源成分较高的生活垃圾，甚至能减少 70% 以上。生活垃圾中可再生资源被重新利用，剩下那些无利用价值的残渣，再对其进行最终处置，大大减少了生活垃圾处理量。

生活垃圾分类回收是生活垃圾无害化处理的前提条件。生活垃圾的成分复杂，不同生活垃圾处理的方式和方法各不一样。混合堆放生活垃圾的方式，会加大生活垃圾处理的难度，甚至会发生激烈的化学反应，增加反应物质的毒性，或有发生爆炸的危险；而有害生活垃圾的任意堆放，加剧了环境污染问题。

节省开支，增加收入。生活垃圾资源化不仅可以获得很好的资源，而且减少了处理费用。生活垃圾分类回收以后，不仅节约了生活垃圾的处理费用，而且创造了财富。因此，经过生活垃圾分类回收后，部分生活垃圾被作为再生资源重新投入生产，降低了生产成本，最终需处理的生活垃圾量也大幅度地减少，生活垃圾处理费用也随之降低，防治环境污染的工作量及难度降低，相应的工程费和运营也减少。

（5）生活垃圾分类回收采取的对策

生活垃圾分类回收要分片分区，有步骤、渐进地推进。生活垃圾分类回收是一个系统工程，牵涉到方方面面的问题，不可能一蹴而就。可以在一些有条件的小区或者较好的城市进行试点，积累了先进的经验后，再通过点而形成面，逐步推广。我国自 2000 年起，在北京、上海等城市进行了生活垃圾分类回收的试点，并开展生活垃圾分类回收的尝试，积累了一些生活垃圾分类回收好的做法，在一些条件成熟社区要加速推进。

采取道德和法律双管齐下的方针，来推动生活垃圾分类回收。一方面要通过舆论导向来使市民养成将生活垃圾分类的好习惯，增强市民生活垃圾分类的责任意识；同时，通过宣传，使市民懂得生活垃圾分类的基本知识和生活垃圾分类的意义。当市民把这种生活垃圾分类的行为当

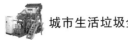

成一种习惯时，生活垃圾分类回收的工作就会进展顺利。另一方面要采用法律的手段，2017年国家发改委、住建部发布《城市生活垃圾分类制度实施方案》，对一些不能够很好执行分类回收的行为，采取法律手段来强制纠正，促使其养成正确的投放生活垃圾习惯。

生活垃圾分类回收应采取市场化运作的方式。生活垃圾是一种资源，生活垃圾分类回收也是一种产业。我国每年1.9亿吨城市生活垃圾中，含有价值250亿元的可再生资源，因此生活垃圾是一种巨大的资源和市场，为此要发挥市场机制的作用。我国现行的生活垃圾分类回收完全靠政府主导，主要是以环卫部门为主导的事业单位负责此项工作，这种生活垃圾分类回收的运作方式，一方面不能主动地利用生活垃圾中的资源，导致生活垃圾分类回收工作十分被动，执行生活垃圾分类回收政策难度增加；另一方面，生活垃圾分类回收和生活垃圾分类处理常常脱钩，机制不够灵活，对生活垃圾量和成分的变化缺乏科学分析，不能有效地利用生活垃圾处理新技术，不会根据生活垃圾的资源化、产业化来调整生活垃圾的分类回收系统。现在国外一些生活垃圾产业化做得较好的国家，都采取了生活垃圾分类回收市场化运作的方式，积极推进生活垃圾的产业化。对一些可回收的资源生活垃圾，采取一定的收购价，市民通过生活垃圾的分类回收，可获得一定的经济回报；同时这些从事生活垃圾回收的企业也可以获得经济收入，促进了生活垃圾分类回收的良性循环。因此，鼓励企业积极参与生活垃圾的收集和处理，回收有用的生活垃圾，对没有利用价值的生活垃圾进行最终的填埋处理。这种企业参与的方式，一方面可以充分利用生活垃圾的有用资源，使生活垃圾资源化；另一方面通过对生活垃圾的综合处理，生活垃圾的数量大为减少，有害的生活垃圾进行了分类、处理，减少最终生活垃圾处理量和难度。生活垃圾的市场化运作，可以提高企业参与生活垃圾资源化的积极性和主动性，减少生活垃圾的产生量，减少了填埋场的容积，让一些分类收集的市民得到好处，促使政府制定生活垃圾产业的政策，引导生活垃圾的管理和合理处理。

加大对生活垃圾分类回收和综合利用效率。我国现有的生活垃圾分类方式制约生活垃圾的后续资源化。生活垃圾分类缺少目的性，有些城市只有简单的生活垃圾填埋，对一些有用生活垃圾进行回收利用的企业很少，使那些资源生活垃圾即使分类了，也没有市场。因此应当加大生活垃圾资源化的力度，特别是鼓励企业对自己产品从"摇篮"到"坟墓"的全过程管理，加大对自己产品因使用后成为废品的回收工作，一方面可以回收原料，节约成本，促进企业的循环生产能力；另一方面可以减少这种生活垃圾因乱扔而对环境造成的危害。例如，电子产品企业，在产品失去其使用价值后，厂家可以回收其废品，一方面企业重新拆解回收其有用成分进行产品的再生产，另一方面也解决了生活垃圾流转过程中电子元件中的一些附加重金属的流失而对环境造成的危害。大部分生活垃圾均是产品使用后的废品，或是包装生活垃圾，如何回收这种生活垃圾，使之重新回到生产领域，是发展循环经济的重要体现。

建立生活垃圾回收的信息网络系统，畅通生活垃圾的回收渠道。生活垃圾具有时空相对性，某种物品对某地或某个时段来说是生活垃圾，但随着时空条件的改变，又变成被重新利用的资源或产品。在家庭装修的过程中，剩余的一些建材，包括一些瓷砖、板材、油漆，大部分被拉到生活垃圾堆中去，而这些建材中有的对环境有很大的危害性。这些剩余的建筑材料，如果在信息网络畅通的情况下，瓷砖又可以被重新用来装修一些简单的地面，比如说洗澡间、窗台；板材可以在打家具时缺零补整，剩余的油漆也可以被其他家装重新使用。这样，剩余建材就会重新得到充分的利用，一方面节省了材料，另一方面也减少了生活垃圾的产生。但是，由于信息的不对称，常造成在家庭装修过程中浪费大量的材料，同时也产生了不少不必要的生活垃圾。因此完善生活垃圾收集和利用网络，畅通生活垃圾的回收渠道势在必行，使生活垃圾通过信息网络得到更好的收集或者重新利用，同时减少了有用产品成为废品的可能性，也减少了生活垃圾的流转环节。上海市实行了生活垃圾网上收购的新举措，做了有益的偿试。

完善生活垃圾分类的硬件和人员配置。生活垃圾从源头分类回收是一个完整的体系，需要有一系列的基础设施，如分类容器、收集车、转运车、转运站，各种综合利用厂、焚烧厂、堆肥厂等。因此，要合理配置生活垃圾分类回收的硬件设施，建立完善的生活垃圾分类回收中转站，完善生活垃圾的末端处理。此外，应加大对生活垃圾分类回收的人力资源建设，对当今形成的走街串巷的生活垃圾收集队伍进行集中培训，让他们在每个街道或者生活小区内设置一些固定生活垃圾收集网点,进行专门的生活垃圾分类回收,同时让他们负责该区生活垃圾分类清运,他们的报酬从回收生活垃圾中有用的资源中获得,以避免这些人在拾荒中乱倒生活垃圾的现象,同时利于生活垃圾的运转。有些写字楼采取生活垃圾包干的方式,清洁工打扫该楼道中的卫生,同时该楼道中的有用生活垃圾,由清洁工负责回收,赚取自己的工资收入。

3.1.3　城市生活垃圾影响因素

影响生活垃圾产量、成分变化的因素很多,一般可以分为四类。

(1)　以人口为代表的城市内在因素

第一类为内在因素,是指直接导致生活垃圾产量、成分变化的因素。如在其他因素不变的情况下,人口增加,生活垃圾产量必然增加;经济的发展和居民生活水平的提高,会使居民消费品数量和类别增加,生活垃圾产量和生活垃圾种类都会相应增多。

人口增加对城市生活垃圾的影响。在一定的社会经济发展水平下,每个公民的消费水平基本相同,消费人口的增加,将使城市居民消费总量增长,因而使城市生活垃圾的总产量增加。城市人口和生活垃圾日产量基本上是同步增长的,人均生活垃圾日产量基本保持平衡。单从人口因素而言,即使人均生活垃圾产量不变,随着人口的增加,生活垃圾总量也将继续增加。

(2)　体现城市区位特点的自然因素

第二类是自然因素,主要是指地域(地域位置和气候等)、季节因素的影响。不同区域由于地域位置不同,自然因素各有不同,对城市生活垃圾的形成有不同的影响。由于各区域所执行的主要社会功能不同,因而在社会活动中产生具有独立特性的废弃物,产生的生活垃圾成分也就不尽相同。

(3)　反映城市发展水平的行为因素

第三类影响生活垃圾产量变化的发展水平因素,主要是指产生生活垃圾的主体——人类发展水平以及市民行为习惯、生活方式、受教育程度等因素。居民生活水平既包括城市居民的生活消费水平，也包括市场商品品种的供应方式。经济收入直接反映城市居民生活水平，经济收入的增长表示城市居民生活水平的提高，并直接影响着城市生活垃圾的产量。城市经济发展水平的指标，如人均 GDP、人均可支配收入、人均消费额等，具有可定量性特征，因此经济发展的指标与城市生活垃圾的产生量的相关关系经常被用于经济发展指标预测城市固体废物的产生量。一般来说，人们可以通过社会因素的影响和一定的教育，改变自己的行为习惯和生活方式，进而影响生活垃圾产量和成分的变化。居民生活水平直接影响城市居民行为。

（4）城市相关制度发展水平

第四类是指社会的行为准则、社会道德规范、法律规章制度等，是一种制约内在因素和个体行为的外在因素。在这类因素中，法律规章制度对城市生活垃圾影响尤为重要。掌握影响城市生活垃圾产量和成分的法律规章制度，对于理解统计数据的可靠性和准确性，搞好城市生活垃圾的产量和成分预测是至关重要的。

3.1.4　城市生活垃圾处理存在的问题

（1）生活垃圾资源化利用的法规不健全

我国对城市生活垃圾的资源化利用管理的法律法规尚不完善，除了《环境保护法》《固定废物污染环境防治法》对此有原则性规定外，主要是由国务院及其有关管理部门颁发了一系列有关固体废物综合利用的行政法规、部门规章和规范性等文件。城市生活垃圾资源化利用是实现可持续发展的重要途径，在实施上还缺乏操作性强的手段。2017 年 3 月国家发改委、住建部发布《城市生活垃圾分类制度实施方案》，在一定程度上弥补了操作性手段不足的问题。

（2）全民环境卫生意识不强

我国城市居民对于生活垃圾问题所产生的危害及生活垃圾的资源化

处理的必要性和重要性认识不够，非常不利于生活垃圾资源化处理工作的开展。市民对城市已有环境保护工具利用不足，自身素质不高，对生活垃圾的产生和处理手段不当，都导致了城市环境卫生质量的下降。

（3）环境管理体制同市场脱节

由于环境卫生涉及社会的诸多方面，传统的计划经济管理体制和政策使相关行业互相分割，缺乏统一管理和协调，影响了管理力度。而生活垃圾管理一直被认为是社会公益事业由政府一家包揽，环卫部门既是监督机构，又是管理部门和执行单位，政企合一。这种体制不能形成有效的监督和竞争机制，制约着生活垃圾处理产业的发展。由于没有有利的政策，废旧物资回收行业正处于萎缩状态，严重影响了城市生活垃圾的回收利用，不利于生活垃圾的资源化。由于不能有效地保障全社会采取洁净生产工艺，因而不利于生活垃圾的减量化。

（4）生活垃圾治理缺乏资金

随着生活垃圾产生量的增加和环境保护要求的提高，政府需要投入越来越多的资金，才能建设足够数量的生活垃圾无害化处理工程，使城市生活垃圾的无害化处理率达到预定目标。由于城市生活垃圾治理一直被视为公益事业，其经费来源于国家和地方的财政拨款，给政府财政造成了巨大的压力。同时，公众和企业则袖手旁观，指责政府没有解决好生活垃圾问题。其根本原因在于缺乏相应的经济手段和生活垃圾收费制度，没有使公众和企业认识到生活垃圾问题与自己息息相关。

3.1.5 城市生活垃圾管理的目标效益

（1）生态环境效益好

这是首要效益。可回收物大量被回收，生活垃圾处理量大幅减少，则其对周边区域生态环境的影响程度减弱——对生态环境的直接影响最小；可回收物作为一种重复使用的资源或称再生资源，其经过加工处理后重新成为商品进入生产、生活领域的过程大大减缓了对生态资源的掠取。减少对能源及其他资源的消耗，减少这些资源、能源在生产、使用过程中产生的污染和对生态环境的破坏——对生态环境的次生影响最小。

考虑到中国目前生活垃圾无害化处理水平，以及生活垃圾数量随人口增加、经济发展水平提高而持续增长的趋势，我国生活垃圾污染的环境影响不容忽视。就此而言，实行生活垃圾的减量化对于我国将具有显著的环境效益。

目前，随着我国城镇化进程的不断加快，城市人口和城市规模也在不断扩大，城市生活水平提高的同时也产生了大量各式各样的城市生活垃圾。城市生活垃圾已经成为一个长期存在的污染源，未经处理或处置不当的城市生活垃圾会引发一系列的社会问题，给人类的生存环境带来严重威胁。城市生活垃圾是影响城市市容卫生的重要因素之一，必须进行有效的整治，这对于美化市容、改善卫生环境，进而提高城市综合竞争力、优化城市形象、提升城市品位，具有十分重要的意义。对于城市生活垃圾的整治，"减量化"无疑是从根本解决生活垃圾问题的最佳选择。

生活垃圾给环境带来了很大的污染，主要包括大气污染、水污染、土地污染以及景观污染，城市生活垃圾的管理能有效抑制环境的污染，给人们带来较好的生存环境。

（2）经济效益好

环境因素虽然是生活垃圾减量化管理的重要目标，但生活垃圾减量化管理还有经济因素的考虑，降低高昂的生活垃圾管理费用已成为各级政府实施生活垃圾减量化管理的重要动因之一。简要来讲，首先，生态良好是首要目标，第二则要考虑取得较好经济效益。要实现可回收物最大限度地回收，实现其销售收入的最大化。其次，可回收物若最大限度地回收，生活垃圾清运及处置量将大幅减少，此项费用支出会大为减少。最后，分类后的生活垃圾和分类处置方式相对应，避免了混合生活垃圾进行分选所产生的费用。

随着经济的发展，生活垃圾的成分也在发生变化，生活垃圾中可供利用的物质不断增加，通过对这些物质的回收和再利用，不仅减少了生活垃圾的排放数量，还意味着获得一定的经济效益。应从生活垃圾管理费用和可回收生活垃圾再利用的经济价值两个方面比较分析生活垃圾减

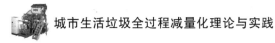

量化的经济效益。

建设一个填埋场需要大面积的空旷地带，并且一个耗资几千万元甚至上亿元资金的填埋场寿命是有限的。很多城市周围满足条件的地方已越来越难以寻找，因此建厂成本、管理成本、运输成本也将越来越大。城市生活垃圾减量化后再进行填埋处理能延长填埋场的使用时间，间接地降低了生活垃圾填埋场的平均成本，提高了经济效益。

废旧物品回收会带来收益，这些钱可以用于支付保洁人员的工资或补贴他们的奖金。实行生活垃圾减量化，可以增加就业机会，提高相关人员收入，而且能减少政府财政支出、生活垃圾管理费用。

（3）社会效益好

经济效益和生态环境效益的和谐统一就是社会效益的具体表现。分类收运、分类处置方式早已被先进国家和地区的实践所证明其合理性和优越性，业已成为城市生活垃圾处理方面的世界潮流，是其他国家和地区今后必然遵循的模式。

从城市生活垃圾的产生到末端的处理包括一系列的环节，主要有生活垃圾的产生、生活垃圾的收集、生活垃圾回收、生活垃圾的转运以及生活垃圾的处理环节，在各个过程中做好生活垃圾的管理，可以产生较好的社会效益。这种效益体现在人员的配置和资源的再生利用上。

从生活垃圾的源头做好分类工作，便于对生活垃圾进行回收，生活垃圾的回收再利用是节约资源的体现。随着社会的发展，造成资源的过度开采和浪费，节约资源是当代经济社会十分重要的任务，可持续发展也成为我国国策，所以说资源的回收利用，尤其对不可再生资源来说，能够产生较好的社会效益。

在生活垃圾的管理过程中，无论是收集还是后面的末端处理，都需要社会各阶层人士的协调合作，增加就业，管理到位，能使人力更好地发挥作用，创造社会财富。

3.1.6　城市生活垃圾处理无害化、资源化和减量化目标

《城市生活垃圾管理办法》中明确提出了城市生活垃圾治理的"三化"要求，这也是环境保护对城市生活垃圾处理的要求，是城市生活垃

圾处理的基本目标，是可持续发展思想的具体体现。其主要含义和内容如下：

无害化——处置后的生活垃圾不再对生态环境构成威胁，不再对土壤、水源、大气产生污染；可通过无害化处置或与环境隔离封闭方式实现。

资源化——城市生活垃圾中的大量可回收物加以回收即为资源，若废弃则为生活垃圾；可回收物的利用既是对资源的节约，也极大减少了对生物资源及能源的过度使用，减少了在此过程中产生的生态破坏和环境污染。

减量化——城市生活垃圾中可回收物的回收，可减少生活垃圾处置量，从而减少了生活垃圾的处理费用。

从国内外城市生活垃圾处理的发展阶段看，无害化、资源化和减量化所经历的不同阶段（见图 3 - 2），与社会、经济、环境效益之间存在着正相关关系。

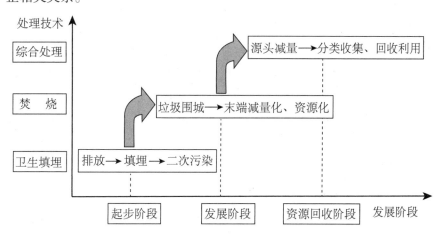

图 3 - 2　国外发达国家城市生活垃圾处理经历的三个阶段

通过城市生活垃圾资源化、减量化和无害化能够带来较好的生态环境效益，通过减量化和无害化的处理能够带来经济效益，生态环境效益和经济效益两者共同带来了社会效益（见图 3 - 3），所以城市生活垃圾"三化"目标是城市生活垃圾处理坚持社会、经济、环境效益同步原则的具体化。

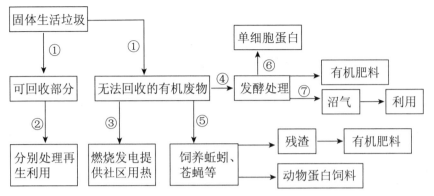

图 3 - 3　城市生活垃圾减量化利于资源化利用

3.2　城市生活垃圾减量化理论

3.2.1　城市生活垃圾减量化界定

"减量化"在生活垃圾管理中出现频率很高，国外生活垃圾管理中的 "3R"（Reduce—减量，Reuse—重复使用，Recycle—回收再利用）原则 中，减量是排在第一位的。生活垃圾减量化应从生活垃圾生命周期管理 的源头至末端，包括产品制造、使用、废弃及处置的整个过程，使每一 环节的能流和物流最小化。在目前已知的生活垃圾管理研究文献和实践 中，减量化有 3 种不同的理解。

（1）总量削减

第一种是减少生活垃圾的产生量，即从生活垃圾产生源头尽可能地 避免或减少生活垃圾产生量，降低其对环境的危害度。具体指的是通过 生产者改进产品的设计、消费者改变购买习惯，物品重复使用，对生活 垃圾进行回收再利用等方式实现。

（2）排放量减少

第二种是指减少生活垃圾的排放量，即减少需要进入城市生活垃圾 处理处置系统的生活垃圾数量。对不可避免的已产生的废弃物，减少需要进入城市生活垃圾处理处置系统的生活垃圾量，应以无害化方式最大限度地循环利用，包括对能源的回收利用。生活垃圾产生后，经过回收阶段，余下的生活垃圾一般需要排入生活垃圾处理处置系统，对其进行收集、运输，并以堆肥、焚烧、填埋或其他综合利用方式处理处置。因此减少生活垃圾的排放量实际指的是减少进入城市生活垃圾处理处置系统的生活垃圾量。

（3）最终处置量减少

第三种是减少生活垃圾的最终处置量。在生活垃圾处理过程中，对不可避免产生并无法回收利用的生活垃圾，要采用合理的与环境相容的处置方式，通过压实、破碎等物理手段，或通过焚烧、热解等化学方法，减少生活垃圾的数量和容积，从而方便运输和处置，有效地减少最终排入自然界的数量并降低其对环境的危害度。

3.2.2　城市生活垃圾减量化在生活垃圾管理中的优先地位

2004 年修订的《中华人民共和国固体废物污染环境防治法》明确规定国家对固体废物污染环境的防治，实行减少固体废物的产生量和危害性、充分合理利用固体废物和无害化处置固体废物的原则。从定义中可以看出城镇生活垃圾处理必须从减量化做起，力求最大减量化、合理资源化、全部无害化，进而全面实现通常所提的"减量化、资源化、无害化"三大原则的整体目标。

从我国实际情况来看，目前生活垃圾数量庞大、潜在的环境污染影响大。与此同时，我国遭遇土地资源紧缺、生活垃圾管理资金和处理设施严重缺乏等现实困境。为了降低环境风险、减少生活垃圾管理费用，从实施源头减量、增加资源回收的综合效益、遵循可持续发展思想等方面进行权衡，生活垃圾减量化相对于生活垃圾无害化、资源化而言，更具有优先选择的重要意义。因此，在我国生活垃圾管理给予减量化原则优先地位是现实的需要。

3.2.3　城市生活垃圾减量化的有序操作

实行生活垃圾减量化的关键是对生活垃圾进行分类处理，这不单是

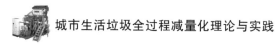

环保、环卫部门的工作，也涉及一个社区、城市中所有公民的配合。城市生活垃圾分类处理是一种有序的、有目的活动，这需要大批受过一定专门训练的保洁人员来进行收集、分类，同时相应地解决了一批富余劳动力的再就业问题。

减量化操作程序：居民将可再利用的物质和不能再利用的物质分开放置，然后由专业保洁人员定时上门收集或在固定地点收集，之后运送到生活垃圾站进行分选，可利用的送专业回收站，不可利用的进行填埋，危险品按特定要求处理。如在生活垃圾产生的源头就进行有效的分类，在收集时也分类收集、放置，那么，生活垃圾最后的处理就简单得多，效率也就高得多。

虽然，从另外一个角度看，废品回收大军的废品分选、回收、销售、实现了生活垃圾资源的部门再生利用，提高了部分资源的利用率，但是在实际生活中这种处理往往是无序的，如捡破烂的无业人员的扰乱，由于他们只捡拾那些回收价值高的矿泉水瓶、报纸、金属等废弃物，而对其他回收价值较低的废弃物又重新放在一起，这种有序的工作环节一旦遭到无组织的破坏，保洁人员重新收拾"残局"时，将耗费大量的人力、物力。而且也失去了城市生活垃圾分类的意义。

生活垃圾减量是一个系统工程，需要各部门有效配合，可以通过生活垃圾分类回收，有效宣传环境与资源意识，让市民自觉地避免产生废弃物，尽可能循环利用各种物资；同时通过立法从工业品生产的源头规范清洁生产，限制过量包装，降低资源消耗，限制生活垃圾的排放量。要强调的是，将城市生活垃圾进行减量化不是城市生活垃圾分类处理的目的，减量化后再资源化、无害化、产业化才是城市生活垃圾分类处理的最终目的。

3.2.4　城市生活减量化的保障措施

目前，我国已成为世界生活垃圾包袱最重的国家，城镇城市生活垃圾年产生量已达2.2亿吨左右，且逐年增长。生活垃圾处理主要采用堆放填埋法，分类回收不够，资源化率低，可回收利用资源没有得到分拣，造成资源浪费，同时占用大量土地资源，大部分污染严重。为此，必须加大减量化工作。从理论角度来看，主要可以采取以下几方面的措施。

（1）以强化生活垃圾源头分类收集为重点推行多级减量化的技术政策

源头控制，将多种减量化手段与措施相结合以全面提高减量效果。对于生活垃圾问题要从末端处理转向源头管理，促进源头减量，控制并减少生活垃圾的产生量。围绕减少生活垃圾无效运输、物品过度消耗采取措施，例如，实施净菜进城、精菜进城、购物袋收费和包装瓶盒押金制度、限制一次性用品的大量使用、抵制过度包装等消费管制措施，都能在源头有效减少生活垃圾的产生量。

同时，应积极提倡并广泛实行生活垃圾分类收集，回收可利用资源，实现生活垃圾的资源化、减量化。分类收集是生活垃圾处理系统有效管理与优化的重要条件，是实施生活垃圾多级减量的主要环节和关键环节。分类收集必须以多级减量化思想为指导，从生活垃圾产生的源头开始，分类丢弃，进而实现分类储存、运输及分类处理，从全过程角度，协调统一地完善减量化措施。尽管当前我国生活垃圾分类还存在较大困难，主要体现为公众积极性不高和分类处理困难，但作为一项有益的生活垃圾资源化手段，仍需努力实施。首先，应建立和完善生活垃圾分类的专门法规，引导并规范推进生活垃圾分类；其次，率先在有条件的地区进行分类收集和处理，其他地区尽量实现可回收生活垃圾的分类回收，逐步推进生活垃圾分类收集。

（2）以收缴生活垃圾处理费为突破口完善生活垃圾减量化经济政策

从经济学原理角度看，经济激励或约束是生活垃圾减量化的重要机制。同时，实践也证明，收缴生活垃圾处理费用，不仅是解决资金匮乏的根本途径，也是促进城市生活垃圾减量的积极措施。韩国实行计量收费制以来，城市生活垃圾量减少了 37% 以上，而资源回收量增长了 40%[38]；2007 年，美国共有超过 7 000 个社区实行生活垃圾计量收费，覆盖了美国 1/4 的人口，生活垃圾收费使社区实现废弃物减量 14% ~ 27%[39]。

2002 年，国家四部委发布了《关于实行城市生活垃圾处理收费制度促进生活垃圾处理产业化的通知》，开始在全国范围内推行城市生活垃圾处理收费制度。时至今日，我国城市生活垃圾收费方面还存在较多问题，

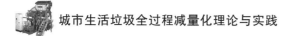

如收费制度不完善、收费标准偏低、收缴率不高等，难以根本上解决生活垃圾处理的资金短缺问题。

为此，政府应加快建立健全生活垃圾收费体系，坚持按照"谁污染，谁付费"的原则，制定行之有效的规章制度。对企业和居民征收一定的生活垃圾处理费用，一方面可以补充政府资金缺口，减轻财政负担；另一方面可以使企业和居民意识到生活垃圾处理与自身息息相关，增强其环保意识。做好这项工作的关键在于选择合理有效的收费模式。例如，以水、电费收缴系统为运作平台进行搭车收费，既节约收费成本，又保证了收费效率。对欠缴、拒缴城市生活垃圾处理费的行为予以处罚，保证生活垃圾处理收费工作的顺利实施；因地制宜，制定相应的收费标准，并积极探索合理有效的征收方式，提高生活垃圾收缴率。

3.3 城市生活垃圾全过程减量化理论

3.3.1 城市生活垃圾全过程减量化的界定

生活垃圾减量化的三种说法虽然都围绕着生活垃圾减量化提出各自的方法和过程，但都存在自身的缺陷。第一种含义，即减少生活垃圾产生量——源头削减，只涉及生活垃圾的产生过程，过于狭隘；第二种含义，即减少生活垃圾最终处置量，偏重于处理过程，局限于生活垃圾的末端处理；第三种含义，即减少生活垃圾排放量，过于依赖生活垃圾的处理处置系统，未考虑人为因素的影响。

分析以上三种观点并结合城市生活垃圾发生全过程，可以认为生活垃圾减量应包括生活垃圾源头削减、生活垃圾预处理和生活垃圾的回收再利用三个方面。这就是城市生活垃圾全过程减量化，是指从生活垃圾生命周期管理的源头至末端，从产品制造、使用、废弃及处理的整个过程，通过采取一系列措施以减少生活垃圾数量、容积及其毒性。它要求在生产、流通、消费和最终处置的每个环节中，使能流和物流最小化。总之，城市生活垃圾全过程减量化是通过源头削减、生活垃圾预处理和回收再利用等活动减少生活垃圾数量。

3.3.2　城市生活垃圾全过程减量市场化

基于是市场化的城市生活垃圾全过程减量化体系建设是一项复杂而艰巨的系统工程，是生活垃圾治理行业面临社会发展的必然选择。从当前的城市生活垃圾管理体系来看，要达到市场化的全过程管理。城市生活垃圾全过程减量市场化是指，政府为市场力量进入城市生活垃圾全过程减量化过程，构筑制度环境，支持市场机制发挥作用。为此，需要一场从政府到民众的思想转变，各方的积极配合，按照循序渐进的原则进行市场化改革，这需要从以下四个方面入手。

（1）监督管理和作业服务分开

改革环境卫生管理体系，实现监督管理和作业服务的剥离。现有环卫作业引入市场，让相关企业参与运作，环卫部门也可从繁重的作业工作中抽身，更好地完成产业管理规划与监督工作，各有专长、各有侧重地分工发展。

（2）明确环卫部门监督执法权限

在我国大部分城市市区内到处可见乱扔生活垃圾的现象，而没有相应管理人员出来制止。当前，城市应结合各自的实际情况根据国家《城市市容和环境卫生管理条例》制定相应的法规政策，对一些肆意制造生活垃圾的个人、企事业单位进行约束。

完善城市生活垃圾管理立法，保障环卫部门的监督管理和执法的权限，这要落实到城市生活垃圾减量化的全过程。如果无法可依，对城市生活垃圾市场化有偿服务、作业相关产业的培育将无从谈起。为城市生活垃圾管理立法，保障环卫部门的监督执法权力是基本市场化的城市生活垃圾全过程管理体系建设的前提。

（3）制定明确的收费制度

对城市生活垃圾进行收费，势在必行，将每个人丢弃的城市生活垃圾按数量和处理费用进行收费，会在一定程度上减少城市生活垃圾的产生量。由于我国人口众多，地域广阔，人们的收入和消费观念相差较大，所以很难制定出一套适合所有城市的生活垃圾收费制度。可将某些区域或某些城市先作为试点，成功后再加以推广，根据不同地区的不同情况，因地制宜，组织专门人员对当地情况进行分析研究，从城市生活垃圾的组成成分、城市的自然地理情况、居民的构成情况、平均收入情况、消费倾向等方面进行综合评估，并参照相关试点城市的城市生活垃圾收费政策，制定本区域的城市生活垃圾收费制度。

制定明确的收费制度，实现生活垃圾处理有偿服务。城市生活垃圾处理工作一直都是由政府补贴服务的公益性运行机制。人们对由环卫部门进行生活垃圾处理工作是理所应当的观念根深蒂固。在市场经济环境下，取得服务是以有偿为前提的。为提高城市生活垃圾作业服务质量和解决环卫部门的资金短缺困境，就要建立市场化的服务，有偿先行。不仅仅是对现有居民生活垃圾清运处理制定收费标准，还要在政府的支持、配合下对企业过度包装和包装物的不可回收物质收取处理费用。这种涉及居民生活垃圾产生源和上游企业的收费制度，可以解决当前城市生活垃圾处理困境，有利于城市生活垃圾的减量化和循环经济社会的建设，促进可持续发展。

我国目前的生活垃圾收费基本是定额制度，即每户每月交一些钱，作为生活垃圾处理费用。这种制度较为简便，但含有生活垃圾扔多扔少都一样的不合理因素，尤其是不能从经济方面调动居民进行生活垃圾减量的积极性，因此，城市生活垃圾收费应由定额制度转变为定量制度或量多加收制度。

对城市生活垃圾征收费用是目前生活垃圾源头减量管理中的重要经济政策。从综合效益分析，以生活垃圾收费为手段的减量化措施主要可以发挥以下两个方面的作用：一方面生活垃圾收费可以筹措资金，用于生活垃圾的管理，有利于缓解城市生活垃圾管理资金匮乏这一现实矛盾；另一方面可以从源头对生活垃圾排放量进行控制和削减，这是生活垃圾收费的根本目标所在。

（4）突出资源化回收和二次原料开发利用

重点围绕资源回收和二次原料开发利用展开减量化，实现经济效益和资源化双赢目标。城市生活垃圾市场化经济效益的产生分为两部分，一部分是通过生活垃圾处理收费、政府补贴，环卫部门通过面向企业的招标方式解决城市生活垃圾收运业务；另一部分是培育起围绕资源回收和二次原料能源开发利用而开的相关产业。后者是产生经济效益以及可持续发展、循环经济、社会发展的重点。做好城市生活垃圾回收利用和能源开发产业链，也就实现了市场化的城市生活垃圾全过程管理的主要工作。

鉴于原有的管理体制和作业方式由来已久，需要改革现有的城市生活垃圾运作体系实现市场化的全过程管理体系。上述市场的培育、产业的形成将是一个产生、发展到成熟的过程，任重道远。

3.3.3　城市生活垃圾全过程减量化管理

全过程管理是将整个城市生活垃圾物流过程纳入管理范围。首先通过人的行为来减少废弃物的产生量；其次是对产生的废弃物进行减量和循环、转化资源利用；最后是对剩余物的无害化处理利用。环卫管理体系要做到"管干分离"，推进市场化的方针。就环卫管理部而言，针对城市生活垃圾所要做的就是运用借助全过程管理理念，搭建起城市生活垃圾服务作业产业。

首先，在城市生活垃圾产生的前端控制生活垃圾的产生量。减量化不仅是通过宣传教育影响人们的行为，还要在市场化改革后，让使用生活垃圾处理服务过程的生活垃圾生产者为所享受到的服务付费，即改革收费制度，提高生活垃圾处理效率。同时对过度包装以及采用非环保材料包装的产品，制造此类商品的企业需交纳一定数量的生活垃圾处理费用，以补偿对城市环境所造成的影响。基于以上思路，要完成前端的市场化，需要完善环卫管理执法监督职能来实现。

其次，建立城市生活垃圾收集、转运和分选回收利用的产业链。在城市生活垃圾的减量化和循环再利用环节上，市场化所强调的是建立和培育城市生活垃圾收集、转运和分选回收利用的产业链。政府环卫管理部门把原来政府部门的作业职能外包出去。由这个环节的企业来优化管理城市生活垃圾逆向物流体系和分选回收利用技术，以达到利润的最大化。企业为了成为政府的城市生活垃圾作业的承包商，必然会建设优良的转运设备，引进先进的回收利用技术来提高产值。这就解决了以往环卫部门资金不足、效率低下的矛盾，同时促进生活垃圾处理的产业化发展。

最后，以减量化带动生活垃圾综合处理。在城市生活垃圾终端的处理上，市场化管理是催生城市生活垃圾减量化的综合处理——资源化和无害化产业。由于经济的发展、城市化进程的加快，城市生活垃圾产生量也随之攀升。一些地区出现了生活垃圾填埋场提前填满，生活垃圾在不久的未来将可能出现无处可倒的局面。这就需要引进先进的生活垃圾综合处理技术，在减量化的同时做到生活垃圾的资源化和无害化。但是，要做到这一切，单单靠政府和环卫部门来引进建设综合处理项目是难以完成的。需要在生活垃圾焚烧发电、焚烧废渣制作建筑材料、生活垃圾堆肥等方式来培育一个市场以解决这一矛盾。只有成为市场，才能建立相关产业，化解环卫职能部门的矛盾，利于促进经济、资源和能源的可持续发展。

3.3.4　城市生活垃圾全过程减量化途径

（1）城市生活垃圾源头减量化

城市生活垃圾源头减量化是生活垃圾处理环节的一个重要组成部分，是关系国计民生的大事，也是保持城市生态环境实现城市可持续发展的重大课题。面向未来，我国应加大城市生活垃圾源头减量的力度，严格控制城市生活垃圾的增大量。

①净菜进城。目前，我国城市生活垃圾中有机物占相当比例，这些有机物以植物为主，大多来自厨余和菜市场。农业专家研究结果表明，这些"在城市是生活垃圾、在农村是肥料"的菜场肥料应尽可能地留在农村，最好办法就是"净菜进城"。如果蔬菜进城前就能被农民洗剥干净，市民就能省很多精力，因此提倡净菜进城不仅是减少城市生活垃圾产生量的有效途径之一，而且可以起到一举多得的效果。

②减少一次性物品使用。一次性用品消费量大，废弃量大，应避免使用一次性用品。首先要加大宣传，培养广大市民的环境意识，正视一次性物品对生态环境的危害，抵制一次性物品的使用。其次通过立法，限制一次性用品的生产，对生产、销售一次性用品的厂家加收额外的环境资源保护税。

虽然国家一直提倡限制使用一次性物品，但是仍然到处可见，成为城市生活垃圾的来源之一。这些用完就扔的物品造成了大量社会资源的浪费，同时制造了成千上万吨的生活垃圾。减少这些一次性物品的使用，需要政府与个人的共同努力，政府可以通过制定相关法规政策约束这些物品的使用，还可以通过环保宣传提高使用者对抵制一次性物品的认识。

③采用易于社会循环利用的包装材料和包装方法。首先，产品包装要简洁。有些产品里三层、外三层，看起来十分豪华，但是这些包装没有保存价值，最后只能当作生活垃圾扔掉。为此，在不影响产品运输和销售的前提下，厂家要尽可能限制过量包装。其次，采用可回收再利用的包装材料。目前，废品收购站回收的主要是纸和金属，其次是塑料和玻璃。因此产品的全纸包装、全金属包装和全塑料包装是值得提倡的。另外，可以鼓励产品生产厂家回收自己产品的包装，进行重复利用，这样既节省了包装费，又减少了城市生活垃圾的产量。还有，增加包装物的二次使用功能。

（2）城市生活垃圾中间环节减量化

随着城市生活垃圾产生总量的大幅度增加，垃圾组分也发生了很大变化，表现为生活垃圾中煤渣含量持续下降，易腐生活垃圾含量上升，可燃物增多，废品含量有所增长，可利用价值有所增加。

①生活垃圾分类。分类收集是生活垃圾有效管理的必要前提，是实现生活垃圾无害化、减量化和资源化的一个关键环节。城市生活垃圾分类收集是从生活垃圾产生的源头开始，按照生活垃圾的不同性质、不同处理方式的要求，将生活垃圾分类后收集、储存及运输。

生活垃圾分类是生活垃圾资源化的基础，更是生活垃圾减量化的重要手段。首先应使居民有分类收集意识，自动分类后投放于各生活垃圾收集点。另外，对于某些混合生活垃圾进行处理前可采用生活垃圾分拣技术进行分类分拣。城市生活垃圾被认为是"放错了地方的资源"，随着我国城市居民生活水平的提高，生活垃圾中可回收利用的废品比例也相应提高，对这些可回收物品进行资源化处理可带来良好的经济、社会和环境效益。

②城市生活垃圾分类收集。要实现生活垃圾资源化，应从加强管理、

推行生活垃圾分类开始，以降低生活垃圾中废品回收成本，提高废品回收率和回收废品质量，促进资源化，也便于有害废品单独处置，各个城市应根据自己的具体情况，提出生活垃圾分类方案，逐步推广生活垃圾分类收集。要大力提倡居民在家中分类收集抛弃的生活垃圾。为推进废品回收，应规定设立使用回收标志，标注在那些使用后需回收的商品包装上，并标注回收物品的材料名称或其代号、符号，以便于废品的回收、分类。

③城市生活垃圾的回收利用。虽然我国历来重视废旧物资的回收利用，但由于只从经济目标出发，没有从减少生活垃圾量、保护资源、保护环境出发，回收还没有作为一种义务而仅是赚钱的手段，回收对象多集中于废旧金属、废纸等利润高的物资，而对废旧塑料、玻璃制品和废电池的回收则考虑不足，使废旧物资的回收率较发达国家低。此外，随着废品收购价格越来越低，越来越多的居民对卖废旧金属、废纸、废玻璃、废塑料制品和废电池不再热心，而是将其扔入生活垃圾中。在城市和经济发达地区，甚至一些旧家具和旧家电已经开始作为生活垃圾抛弃，导致资源的极大浪费，使生活垃圾量增加。

随着向市场经济的过渡，旧的回收体制难以适应目前的形势，原有的国有回收主要渠道萎缩，个体商贩的回收比例已大大超过国有回收公司。在加强、改革、整顿国有回收公司的同时，应建立义务和强制回收制度，并对个体回收商贩加强管理，使之成为废品回收主渠道的必要的、合理的补充，促进废品的回收利用，减少进入生活垃圾中的废品量。与此同时，应对收集的生活垃圾进行必要的机械的人工分选，以利于生活垃圾的资源化和无害化处理。

（3）城市生活垃圾末端减量化

城市生活垃圾转化能源。焚烧能将废物变为能源，但是只有在大型生活垃圾焚烧厂，利用焚烧产生热量发电有较好的规模经济效益。远离居民区和其他工厂的焚烧厂热量外供会有困难，只能考虑自用。从生活垃圾减量处理角度看，生活垃圾焚烧厂将是减量化处理的重要发展方向。

焚烧是一种对城市生活垃圾进行高温热处理的技术，即以一定的过剩空气量与被处理的有机废物在焚烧炉内进行氧化燃烧反应，目的是将有害有毒物质在高温下氧化、热解，生活垃圾焚烧产生的高温烟气可作为热能回收利用，残渣可直接填埋。如果生活垃圾焚烧技术在城市生活垃圾处理中得到应用，用其发电的优越性将逐步展现出来，同时要注意对其焚烧过程形成的二次污染进行有效控制，生活垃圾焚烧技术的发展前景广阔。

（4）推广生活垃圾堆肥技术

生活垃圾堆肥处理是生活垃圾处理资源化、无害化的措施之一。垃圾堆肥技术是指在有控制的条件下，利用微生物对生活垃圾中易腐有机物进行生物降解，使之成为具有良好稳定性的腐殖土状肥料的全部工艺过程。

现在农业部分实现了机械化，家中的牲畜逐渐减少，家中的有机肥源不足，农村对有机肥需要日益增多，像废弃的菜叶、果皮都是制作有机肥的很好材料。由于有机肥需求量大，采用生活垃圾堆肥技术，能大量消耗生活垃圾中的有机物，有效减少了生活垃圾的危害，同时，经无害化处理的堆肥制品，增产效果显著。

3.3.5　城市生活垃圾全生命周期减量处理

从上述城市生活垃圾减量化现实和理论分析来看，城市生活垃圾生命周期的全过程包括从原材料加工到最终末端处理的全部过程，按照城市生活垃圾的物流方向可以具体划分成七个环节，其中设计环节与生产环节紧密相连，考虑主体因素，也可以并入生产环节。

（1）设计环节

轻量化和原料替代。轻量化涉及某一产品或者原料重量的减轻。例如，铝制饮料罐比过去已明显变轻。原料替代用一种较轻的原料替代较重的原料。比如，装软饮料的玻璃瓶被塑料制品所替代，还有报纸的轻量化，玻璃、塑料、铝罐的原料替代和轻量化，以及耐用品的减量化。

初级包装的减量化。初级包装包括直接覆盖或者保护产品的所有包装，但不指特定用来运输产品的外包装。在不牺牲产品的安全性或品质的条件下，消除不必要的包装，转换成可再度利用的包装，或研究其轻量化、包装替代品等。铝罐，经历了重大的重新设计和轻量化以减少包装中铝的用量。如美国可口可乐公司通过轻量化和重新设计，在减少产品包装的原材料使用上取得了惊人的成绩。公司使用了较少的材料完成包装，花费更少的能量来运输产品。

（2）生产环节

生产环节是指生产企业将原材料加工成产品的过程。生产企业利用外购或者自制原材料制造成产品，出于保护商品或者利于销售的目的对产品进行包装的活动属于生产环节。

生产商产生的城市生活垃圾主要由其产品带来，比如电子产品的更替形成的电子生活垃圾、商品的过度包装形成的包装物生活垃圾。若根据"谁污染，谁治理"原则，这些生活垃圾应该由生产者进行回收处理，一方面促进了资源的回收利用率；另一方面使一些生活垃圾可以得到较好的处理。由于对每个企业来说无论其自身还是其产品组成比较固定，一般有相对稳定的回收再生渠道。做好生产者的生活垃圾减量化处理，有利于提高整个环节的生活垃圾减量化。

制造商的相互关系在多种产品所产生的生活垃圾的减量化方面扮演着关键性的角色。制造商的相互关系影响包装原料中的几种特殊产品，包括纸张、塑料和木质包装。此外，制造商之间通过发票、电子定单或其他形式联系，直接影响到办公室纸张的用量。简化购买行为的努力可为办公用纸的减量做出巨大贡献。

（3）流通环节

流通环节是指产品的所有权从生产企业转移到居民或单位消费者的过程。流通的方式有直销和分销，不管哪一种销售方式，都会有包装生活垃圾的产生，以及运输、销售过程中的产品损耗生活垃圾，都是使用其他企业的产品产生的废弃物，属于消费环节，特点是组成比较固定，可回收性较强。

流通环节的生活垃圾减量化主要靠一些大中型商场和购物中心，其作为消费的中转场所，是连接生产者和消费者的重要媒介，做好此环节的减量化工作，有助于促进生产者和消费者的生活垃圾减量化，也更有利于生产者从消费者处回收生活垃圾，进行资源的回收再利用。

运输包装的减量化。运输包装包括纸板箱、板条箱、集装箱、包裹等。集装箱的重新使用以及集装箱的回收利用系统，是运输包装业发展最快的一个环节，也是运输包装减量化的关健环节。

（4）消费环节

消费环节是指产品的使用过程。居民和使用单位购买产品后，开始发挥商品的使用价值。根据城市生活垃圾的定义，当商品对于居民或者使用单位来说没有保存和利用价值时便成为城市生活垃圾。消费环节产生的城市生活垃圾包括居民城市生活垃圾、街道清扫生活垃圾和单位生活垃圾，约占城市生活垃圾总量的80%，构成最为复杂。消费环节垃圾大多直接进入小区生活垃圾桶、街道生活垃圾桶或单位生活垃圾桶，简单的减量方法难以奏效。

与消费者合作减量。制造商能在设计和制造产品时减少生活垃圾产生，但一旦这些产品被运输出去，垃圾减量便应由消费者来实现。通过重新使用、保养或者修理，能够有效地减少生活垃圾的产生量，包括耐用品、非耐用品、容器和包装材料。产品的重新使用是耐用品类生活垃圾减量的重要策略之一。居民的使用和丢弃直接产生了生活垃圾，居民消费过程注重城市生活垃圾减量化处理，延长产品的使用寿命是耐用品类生活垃圾减量的重要措施，直接避免生活垃圾的产生，达到了生活垃圾源头减量化。

（5）有偿回收环节

有偿回收环节包括消费者的有偿回收行为，再生资源体系的回收、运输、加工再生、产品销售活动，即再生资源体系的全部活动过程。此环节将一部分可回收类城市生活垃圾回收再利用，而不会产生新的城市生活垃圾，属于中间减量。

资源的回收利用有助于提高整个社会的效率，是实现生活垃圾的减量化的重要途径，做好分类，从而便于回收利用。

（6）转运环节

转运环节是指城市生活垃圾从进入城市生活垃圾收容设施到进入生活垃圾末端处理场所之间的过程，包括环卫作业部门的城市生活垃圾清运、分选和转运。环卫作业员将城市生活垃圾从社区、街道或者事业单位的生活垃圾收纳容器用生活垃圾车运输至生活垃圾中转站，由城市生活垃圾清运车辆定点将中转站的城市生活垃圾清运至指定的转运站，在转运站经过人工或者机械化的分选后，有针对性地将城市生活垃圾转运至末端处理设施，包括焚烧厂、堆肥厂、填埋厂等。

此环节可以对城市生活垃圾进行中间减量，通过分选减少进入末端处理的城市生活垃圾，或者通过对城市生活垃圾的分类转运，实现城市生活垃圾焚烧发电、堆肥，减少必须填埋的城市生活垃圾数量。

（7）末端处理环节

末端处理环节是指对进入末端处理设施的城市生活垃圾进行最终处理的过程，包括焚烧、堆肥、填埋的方式。从转运环节转运至末端处理设施的生活垃圾成分和采用的末端处理技术是影响末端处理减量效果的重要因素。采取城市生活垃圾综合处理的模式，可使进入末端处理环节的生活垃圾减量约90%，但对工程投资较高，对管理水平要求更高。末端处理的优劣直接带来生活垃圾处理的一系列问题，比如，填埋可能造成土地污染，焚烧可能造成大气污染，有些生活垃圾处理不当，可能很多年之后仍存在污染环境的问题。所以要做好末端的处理，从根本上将生活垃圾处理干净，实现生活垃圾的真正生态环保减量。

①填埋。填埋处理的特点是设备操作简单，适应性和灵活性强，建设投资少，运行费用低，技术要求不高以及适于处置各种类型生活垃圾，等等。但填埋也有其自身的缺点，如占地面积大，浸出液难以收集控制以及产生甲烷等。另外，填埋处理对场地要求较高，容易对土壤、水体和大气造成污染。随着对双衬层防漏系统、人工合成方头层、反渗透工艺处理渗滤液以及填埋场生物降解反应床等一系列生活垃圾填埋场渗滤液处理技术的研究，国外有一些填埋场配备了先进的生活垃圾渗滤液处理工序、垂直和水平填埋气收集管网系统，能有效地防止填埋气对周围

环境造成污染以及温室气体的排放。

②焚烧。焚烧处理占地面积小，无害化处理率较高，可以将城市生活垃圾中的热能转化为电能，达到节约能源的目的。但焚烧处理运行成本和技术要求相当高，特别是对有毒有害气体排放要严格控制。通过使用烟气净化设备，如静电除尘器或布袋除尘器可以去除烟气中的粉尘；另外，烟气中的有毒成分也可以通过喷入活性炭吸附等办法去除。欧洲、美国、日本在耐腐蚀锅炉热交换管材开发、提高锅炉传热效率、复合型生活垃圾发电系统等方面进行了研究和技术开发。

③堆肥。有机生活垃圾中很重要的一部分，如报纸、办公用品、波纹纸板等已经被回收再利用。对厨余垃圾采取庭院堆肥、食物残渣的回收利用等方法进行减量。最简单常见的堆肥方式是自然通风静态堆肥，这种堆肥方式成本较低，但料堆内部常处于受压状态，外面的空气很难进入料堆内部，异味大，好氧发酵不够均匀充分，发酵周期较长，堆肥产品质量难以保证。好氧与厌氧联合处理工艺降解的综合处理技术是生活垃圾生物处理的发展方向，其前提条件是实行城市生活垃圾分类，提高生活垃圾中有机物含量。目前，适于现场操作的小容量堆肥系统已成为发展趋势之一。

④其他。除了以上 3 种基本处理方式外，在最新的研究和开发基础上，还创新了固化处理、生活垃圾热解处理、高技术生活垃圾分选处理、生活垃圾无害化处理筛选回收、生活垃圾衍生燃料等新的城市生活垃圾处理方式和手段。

3.4　城市生活垃圾减量化主体责任理论

城市生活垃圾减量化的主体包括政府、生产企业、居民、环卫作业部门和废品回收系统，和"木桶原理"相似，城市生活垃圾的减量离不开任何一个主体的努力。

3.4.1　政府

政府在城市生活垃圾减量化过程中所扮演的角色主要表现在以下两个方面。

一方面是相关政策法规的制定。法律规范体系的确立是城市生活垃圾减量化工作得以稳定运行的基础，迄今为止我国已经颁布实施了多项生活垃圾管理的相关法律，如为指导生产、流通与消费等环节进行的减量、再使用和资源化活动的《循环经济促进法》，为防范固体废弃物污染的《固废污染环境防治法》，以及地方为加强废弃物管理出台的《北京城市生活垃圾管理条例》，等等。

在《全国城镇环境卫生"十一五"规划》中我国政府确立了环卫、生活垃圾管理立法监督方面的目标，即建立规范、科学、高效的政府监管机制，健全行业监管体系，完善法规和标准体系，制（修）订符合国情的污染物排放标准，加大市场监管力度，实施生活垃圾排放许可证制度，增强环卫监测网络与能力建设。

在辅助性的规章和规范性文件方面，住房和城乡建设部（全国生活垃圾管理的首要责任部门）与国家发展和改革委员会、环境保护部、科学技术部等部门同样做了很多努力，先后颁布了 32 项有关城市生活垃圾处理的部门规章和规范性文件，以及 68 项技术标准（中国城市生活垃圾收运系统初步建立，基本上日产日清）[32]。

另一方面是政府相关部门对废弃物收集、清运、处理、回收、无害化的管理。在我国，生活垃圾管理涉及城市市政市容委、市商务局和市环保局，市政市容委负责分类后的生活垃圾的收集、清运、处理处置的管理，市商务局负责废旧物资回收市场的管理，市环保局负责环境污染问题管理。

3.4.2 生产企业

绿色包装或产品的绿色设计概念从 21 世纪初开始受到国内企业和消费者的重视，随着企业环保意识的提高，绿色包装的概念也得到了消费者的认可，然而由于市场的激烈竞争以及企业控制成本的压力，我国企业的大多数产品并未实现完全的绿色包装。

我国实施绿色包装的企业虽然有所增长，2005—2010 年比例实现了翻番，但从总量来看并不乐观，至 2015 年底的统计比例仅为 38%，这与欧美国家 85% 的比例相去甚远。

相关法律法规的不健全是导致这一现象的主要原因，绿色包装属于生产者的延伸责任，我国的《循环经济促进法》第十五条即为生产者延伸责任的相关规定，然而由于循环经济发展综合管理部门还没有制定强制回收办法，导致目前我国生产者的此项延伸责任并没有法律的强制约束。

3.4.3　居民

随着一系列活动的大力宣传，城市居民生活垃圾分类意识和行为都有明显的提高，据北京环卫部门对居民生活垃圾分类活动的调查，看出城市居民的生活垃圾分类意识不断增强。

在生活垃圾分类意识增强的同时，超过 75% 的居民表示将自觉减少一次性使用物品的购买次数，减少生活垃圾的排放，并有超过 50% 的居民表示坚持自带购物袋，由此可见，居民的生活垃圾减量意识在增强，生活垃圾减量行动在提高。

3.4.4　环卫作业部门

随着生活垃圾减量工作逐渐得到政府的重视，环卫作业部门的生活垃圾处理作业流程也更为清晰，主要包括从生活垃圾产生后的初步收集直到最终消纳处理的全部过程，从北京的城市生活垃圾处理作业流程看主要包括收集清运、一次转运、二次转运和最终处理。

3.4.5　废品回收系统

我国废品回收系统形成了两大特点，一是循环利用流程清晰，二是参与主体多元化，形成了国营回收、私营回收与个体回收三大主体。通过对城市生活垃圾减量化主体的现状进行分析可以发现，无论是政府部门、生产企业还是居民都非常重视生活垃圾减量及环境保护，同时存在管理混乱、法律缺位及政策实施不到位等问题，生活垃圾减量和环境保护仍需要我们每一个人进一步重视和行动起来（见表 3 - 1）。

表3-1　废品回收系统中的参与主体

环境	家庭	餐馆	公共场所
责任主体	家庭成员	餐馆人员；消费者	政府，单位，参与人
主要生活垃圾类型	塑料生活垃圾；纸类生活垃圾；厨余生活垃圾；金属类生活垃圾；玻璃类生活垃圾	厨余生活垃圾	纸类生活垃圾；塑料生活垃圾；金属生活垃圾；有毒有害生活垃圾
减量化措施	做好生活垃圾分类；做好生活垃圾循环利用	响应政策号召，如"光盘行动"；进行技术上的处理	制定政策；宣传教育；做好清洁和回收工作；公共设施，如生活垃圾桶配置

3.5　本章小结

本章主要就城市生活垃圾管理、城市生活垃圾减量化、城市生活垃圾全过程减量化、城市生活垃圾减量化主体责任等相关理论进行结合中国实际情况的阐述和分析。

第4章　城市生活垃圾减量化系统动力学模型的构建

城市生活垃圾减量是一项十分艰巨的复杂工程，涉及多个环节，其效果受经济发展水平、居民收入水平、政府政策、社会环保意识等因素的影响，需要协调公众、企事业单位和政府行为，需要对城市生活垃圾实施全程和系统管理。对城市生活垃圾减量效果估算是一个复杂、动态的系统，涉及政治、经济和社会因素，且它们之间相互作用、相互影响。所以用现实的城市废弃物系统作研究对象耗资费时，且不现实。科学有效的废弃物减量系统研究方法甚为重要。

系统动力学是通过结构和功能分析和信息反馈技术解决复杂动态反馈系统问题的计算机模拟方法[42]。系统动力学方法在解决复杂系统问题方面具备诸多优势，对城市生活垃圾减量化系统的研究具有重要的意义。本章通过系统动力学研究方法构建城市生活垃圾减量系统的模型，首先通过环节分析阐述多级减量化模型构建的前提或基础，其次介绍模型的研究框架，然后分别设计模型的各个子系统，最后通过合成子系统构建最终的模型。

4.1　城市生活垃圾减量化的环节分析

城市生活垃圾生命周期的全过程包括从原材料加工到最终末端处理的全部过程，按照城市生活垃圾的物流方向可以具体划分成 6 个环节，如图 4-1 所示。

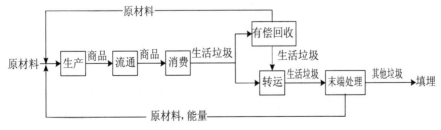

图4-1　可回收城市生活垃圾全过程的物流环节

（1）生产环节

生产环节是指生产企业将原材料加工成产品的过程。生产企业利用外购或者自制原材料制造产品，出于保护商品或者利于销售的目的对产品进行包装的活动属于生产环节。

在生产环节企业产生大量的工业生活垃圾不属于城市生活垃圾，而使用其他企业的产品产生的废弃物属于城市生活垃圾，属于消费环节。因此生产环节不直接产生城市生活垃圾，并且由于对每个企业来说组成比较固定，一般有相对稳定的回收再生渠道。

（2）流通环节

流通环节是指产品的所有权从生产企业转移到居民或单位消费者的过程。流通的方式有直销和分销，不管哪一种销售方式，都会有包装生活垃圾的产生，以及运输、销售过程中的产品损耗产生的生活垃圾，都是使用其他企业的产品产生的废弃物，属于消费环节，特点是组成比较固定，可回收性较强。

（3）消费环节

消费环节是指产品的使用过程。居民和使用单位购买产品后，开始发挥商品的使用价值，根据城市生活垃圾的定义，当商品对于居民或者使用单位来说没有保存和利用价值时便成为城市生活垃圾。消费环节产生的城市生活垃圾包括居民生活垃圾、街道清扫生活垃圾和单位生活垃圾，约占城市生活垃圾总量的80%，构成最为复杂，处置方式为有偿回收、进入小区生活垃圾桶、街道生活垃圾桶或单位生活垃圾桶，因此简单的减量方法难以奏效。

（4）有偿回收环节

有偿回收环节包括消费者的有偿回收行为，再生资源体系的回收、运输、加工再生、产品销售活动，即再生资源体系的全部活动过程。此环节将一部分可回收类城市生活垃圾回收再利用，而不会产生新的城市生活垃圾，属于中间减量。

（5）转运环节

转运环节是指城市生活垃圾从进入公共城市生活垃圾收容设施到进入生活垃圾末端处理场所之前的过程，包括环卫作业部门的城市生活垃圾清运、分选和转运。环卫作业员，将城市生活垃圾从社区、街道或者事业单位的生活垃圾收纳容器中，用生活垃圾车运输至生活垃圾中转站，由城市生活垃圾清运车辆定点将中转站的城市生活垃圾清运至指定的转运站，在转运站经过人工或者机械化的分选后，有针对性地将城市生活垃圾转运至末端处理设施，包括焚烧厂、堆肥厂、填埋厂等。

此环节可以对城市生活垃圾进行中间减量，通过分选减少进入末端处理的城市生活垃圾，或者通过对城市生活垃圾的分类转运，实现城市生活垃圾焚烧发电、堆肥，减少必须填埋的城市生活垃圾数量。

（6）末端处理环节

末端处理环节是指对进入末端处理设施的城市生活垃圾进行最终处理的过程，包括焚烧、堆肥、填埋的方式。此环节属于末端减量，转运环节转运至末端处理设施的生活垃圾成分和采用的末端处理技术是影响末端处理减量效果的重要因素。采取城市生活垃圾综合处理的模式，可使进入末端处理环节的城市生活垃圾减量约 90%，但对工程投资较高，对管理水平要求更高。

4.2　城市生活垃圾减量化系统动力学模型的研究框架

城市生活垃圾减量化系统动力学模型的构建是系统动力学在城市生活垃圾管理中的应用，其构建的步骤或框架必须遵循系统动力学构建的一般过程，包括以下几个部分。

（1）系统的综合分析

系统动力学研究系统性问题。因此构建模型首先要完成系统分析的任务即分析问题、剖析原因。本书城市生活垃圾全过程多级减量化模型的构建将在环节分析的基础上进行系统的综合分析，其内容主要有以下几个方面：

①了解用户要求、确立建模目的；

②收集调查系统情况和统计数据；

③分析系统基本问题和主要问题，主要变量与分析变量；

④依据建模目的确定内生、外生与输入变量等；

⑤分析系统行为模式，表示出系统中主要变量，由此引出与其有关其他重要变量，通过各方面定性分析，勾绘出研究问题趋势。

（2）建立流位流率系和辅助变量

流位变量在系统动力学（SD）模型中视为积累效应的变量。确定流位流率系下流位变量的依据是建模目的，即为了观察主要研究对象的变化趋势，例如生活垃圾产生量的变化、生活垃圾回收量的变化、生活垃圾处理量的变化等。

流位变量确定后，对应流率变量跟随而来，也就是说有流位变量，也会对应一定的流率变量。

辅助变量的确定可以通过三种搜索方法：①自始点向流位搜索；②流位流率搜索；③从流率和流位相向搜索。

（3）建立数学规范模型

数学规范模型按以下三步建立：

①依据系统的结构关系和参变量间的逻辑关系，编写状态变量（L）、率量（R）、辅助变量（A）、常量（C）等方程。

②确定参数，置入方程。

③在窗口化的系统动力学模拟软件的编程窗口中，给表函数赋值。

（4）系统的结构分析

系统结构分析的主要任务在于处理系统信息，通过反馈环的分析，确定系统的反馈机制。它包括以下内容：

①分析系统总体和局部的反馈机制。

②进行反馈环分析。确定回路和反馈耦合关联。在由各种流率入树嵌成的结构模型中，找出重要反馈环。然后找出系统基模与主导反馈环，通过系统基模和主导反馈环参数调试等方式，调试系统模型。

③模型试运行。目的是发现问题矛盾，对系统的结构和功能、系统边界合理再分析、修改与调整。包括结构和参数的修改及调整。

（5）模型的检验和评估

包括模型结构适应性、行为适应性、模型结构和实际系统一致性及模型行为与实际系统一致性检验评估。目的是与真实系统行为一致。这一步不都是放在最后来做，有些部分在模型构建过程中分散进行。

（6）调控或决策方案的模拟

在模型有效性的基础上，用设定的多种方案进行模拟仿真，得到未来的模拟结果，以此为决策提供依据，进行综合分析。

（7）最终决策方案的确定

把定量仿真方案和各种定性方案比较、评价和修改，反复进行计算机仿真调试，揭示系统整体表现，最终确定可供执行决策的方案。

为了更简洁地说明废弃物全过程多级减量 SD 建模步骤，如图 4 - 2 所示。

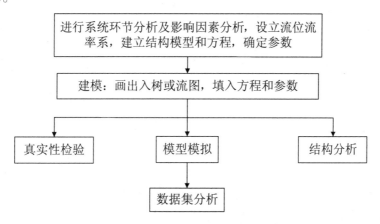

图 4 - 2　系统动力学建模的步骤

4.3 模型设计及子系统的结构关系分析

4.3.1 人口子模型

人口增长和活动是生活垃圾产生和处理运作的动因。不仅废弃物产生和人口数量与行为密切相关，社会生产、服务及其他一切行为造成的废弃物产生也和不断增长的人口与生活需求相关。研究人口数量增长与相关因素关系是模型构建首要工作。

（1）人口一般状态模型

描述人口状态的 SD 模型有两类：单组人口状态模型和多组人口状态模型[43]。

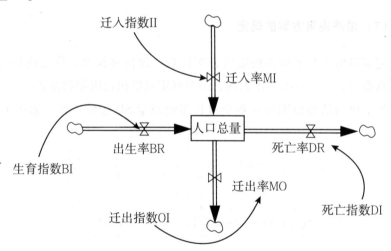

图 4 - 3　单组人口自然—机械增长模型

单组人口状态模型把人口作为一个总体，是一个时点数。从自然增长角度，人口总数由出生率和死亡率决定，有两条反馈回路：一是正反馈回路，即由人口中的育龄妇女生育增加人口；二是负反馈回路，即由人口的死亡减少人口。由 DYNAMO 语言中状态方程语言描述：

L P. K = P. J + DT （BR. JK – DR. JK）

其中：K 为当前时刻；J 是 K 的前一时刻；JK 是 J 到 K 的时间间隔；DT 为 JK 的间隔长度；P 代表人口数；BR 是出生率；DR 是死亡率。

再考虑到人口迁移导致机械增长，人口总数变化还受迁入迁出因素影响，其人口变化过程如图 4 - 3 所示。状态方程拓展为：

L P. K = P. J + DT （BR. JK + MI. JK – DR. JK – MO. JK）

其中：MI. JK 为 JK 间隔迁入人口；MO. JK 为 JK 间隔迁出人口。

多组人口状态模型不仅考虑人口的总数，还考虑到了人口的年龄分布，从而更为接近现实状况，考虑到在中短期内，人口的年龄结构不会有太大变化，也就不会对生活垃圾的产生量有大的影响，所以本书将采用单组人口状态模型，不再对多组人口状态模型进行介绍。

（2）城市生活垃圾减量系统人口子模型的设计

随着城市化的推进，城市常住人口增多，流动人口的规模和活动范围不断增大；市区人口密度高；环境容量有限；经济活力强，对劳动力的吸引力大；都是其基本的特点。具体到废弃物减量化系统，为详尽观察人口活动，方便政策的调控，人口子模型不能采用数量经济学模型；同时因为人口生活垃圾排放没有年龄差别，更多以家庭为单位，没必要按照人口分析的常规方法将人口按年龄组划分。因此，北京城市生活垃圾减量系统人口子模型按单组人口状态模型设计。

①人口总量

人口总量包含常住人口与流动人口。暂住人口的管理是按照常住人口管理办法，将户籍人口与暂住人口归入常住人口。常住人口与流动人口都属状态变量，作为常住人口与流动人口之和的总人口也是状态变量。

人口总量的入树结构见图 4 - 4。

常住人口增量——常住人口总量

流动人口增量——流动人口总量

人口总量

图 4 - 4 人口总量的入树结构

②常住人口总量

常住人口总量是人口增加量与减少量差的累计，人口增加受人口自然增长率影响。自然增长率为不受外部环境因素影响的出生系数。常住人口总量是人口基数。常住人口增长量是常住人口总量乘以人口的自然增长率乘以及政策的调整因子。

常住人口总量入树结构见图4-5。

图4-5　常住人口总量入树结构

③流动人口总量

从未来发展趋势与人口管理出发，流动人口中暂住人口统归入常住人口，流动人口为健康疗养、观光旅游、休闲度假、出差办公、探亲访友、文体交流、会议培训和其他目的等，停留半年以下的人数。

流动人口在某一地区也可积累，因此流动人口需设计成状态变量。流动人口总量是流动人口初始值和年流动人口的增长量的积累，由SD模拟自动计算。

其表达式为：

流动人口总量=INTEG（流动人口增长量，流动人口总量初始值）

流动人口增长量=流动人口总量×流动人口增长系数

流动人口总量的入树结构见图4-6。

图4-6　流动人口总量入树结构

人口增长率为影响人口数量内在因素，人口数量还受到外在因素影响，如自然灾害等自然因素，环境污染、计划生育等人为因素。

计划生育政策对人口数量的影响比较大，还有招商引资等一些政策也会影响外来人口的数量。计划生育等的影响可用政策影响因子表示，政策影响因子为外生变量，可用表函数进行设定，观察政策改变模拟结果。

为了方便研究，本书忽略政府因素和自然因素对人口增长率的影响，表函数主要考虑对我国人口影响最大的计划生育政策，即人口政策对常住人口变化量的影响。

人口总量 = 流动人口总量 + 常住人口总量

根据以上人口子系统主要影响因子结果，构建图 4 - 7 所示的人口子系统模型流。

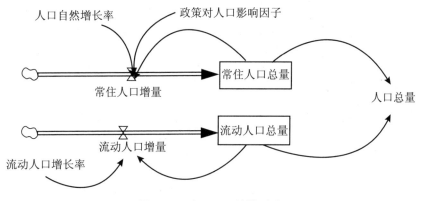

图 4 - 7　人口子系统模型流

4.3.2　生活垃圾产生子模型

废弃物产生的影响因素很多，可以分四类：一是内在因素，指直接致使生活垃圾产生的因素，如其他因素不变，人口增加，必然增加生活垃圾产生量。二是自然因素，指地域和季节因素，如夏天瓜果上市产生大量易腐烂有机生活垃圾。三是个体因素，指人的生活方式、行为习惯、受教育程度和收入状况等。四为社会因素，指法律规章制度、社会行为准则和道德规范等[45]。最主要的影响因素是人口数量。

（1）生活垃圾产生总量

城市生活垃圾产生包括两部分：一是居民的城市生活垃圾产生。二是企事业与行政单位城市生活垃圾产生。居民产生量取决于人口总量和人均生活垃圾产生系数。单位产生量取决于单位产生量与单位个数。企事业和行政单位生活垃圾进入市政生活垃圾处理系统只有城市生活垃圾，且单位大小和城市生活垃圾产生成分关系不紧密，因此单位产生量可以为每人的废弃物产生量乘以单位人数。单位和行政单位工作人员也属常住人口，居民、企事业与行政单位废弃物产生量等于人均生活垃圾产生系数乘以常住人口总量。

影响生活垃圾产生不仅是内在因素，还受外界因素影响。如政策法规也会影响生活垃圾产生量。所以生活垃圾处理费用将和水费与电费一样，成为居民家庭必不可少的成本，居民会有意识地参与废旧物资回收，减少生活垃圾产生。

本书考虑生活垃圾收费、社会文化及绿色商品比例对生活垃圾产生影响，即：

生活垃圾产生量＝人口总量×人均生活垃圾产生量×生活垃圾收
费对生活垃圾产生量影响因子×社会文化对生
活垃圾产生量影响因子×绿色商品比例对生活
垃圾产生量影响因子

生活垃圾产生总量的入树结构如图 4－8 所示。

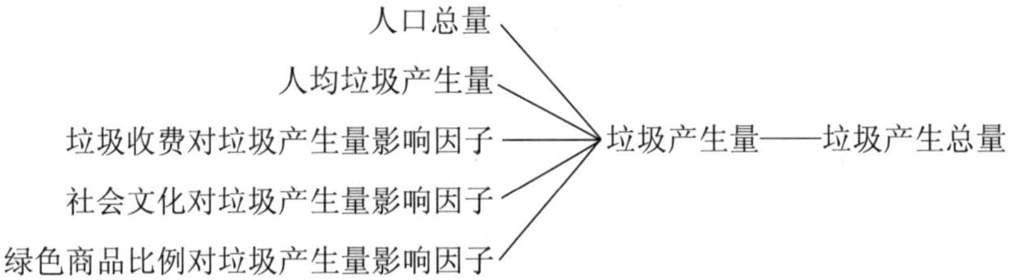

人口总量 \
人均垃圾产生量 \
垃圾收费对垃圾产生量影响因子 ——→ 垃圾产生量——垃圾产生总量 \
社会文化对垃圾产生量影响因子 / \
绿色商品比例对垃圾产生量影响因子 /

图 4－8　生活垃圾产生总量入树结构

（2）人均生活垃圾产生量

人均生活垃圾产生量不是不变的，随着经济发展水平的提高，人均生活垃圾产生量随人均收入的提高而增加。人均生活垃圾产生量是一个非常综合的概念，它受到很多因素的影响，包括人均收入等经济因素、环保意识等社会文化因素、绿色商品比例等因素的影响，对其进行细分的影响因素度量将是一个非常复杂的系统，所以本书采取对比的方法来确定人均生活垃圾产生量，取发达国家人均生活垃圾产生量作为北京市的人均生活垃圾产生量。

生活垃圾收费政策对人均生活垃圾产生量影响重大，并且生活垃圾收费属于系统的外生变量，其本身具备一定的刚性，但一旦其有变化将对人均生活垃圾产生量有重大的改变，由于各个地方的生活垃圾收费政策差别较大，所以将生活垃圾收费政策对人均生活垃圾产生量的影响单独度量。

根据生活垃圾产生子系统主要影响因子分析，可构建生活垃圾产生子系统模型流，如图4-9所示。

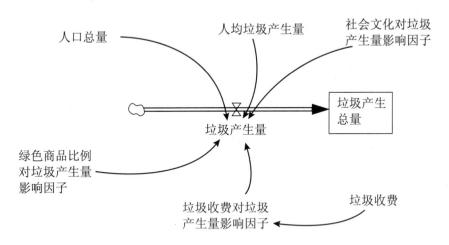

图4-9　生活垃圾产生子系统的模型流

4.3.3 生活垃圾收集及回收子模型

城市生活垃圾收集量是把全部废弃物被收集起来的部分，用收集率度量。废弃物回收量常用回收率度量。现行生活垃圾产生收集系统并非所有生活垃圾都被收集。随环境保护工作进一步开展，生活垃圾收集和管理能力进一步加强，收集率与回收率不断提高，是时间的函数。

城市生活垃圾收集量 = 城市生活垃圾产生量 × 收集率

城市生活垃圾回收量 = 城市生活垃圾收集量 × 回收率

城市生活垃圾收集量不仅仅依靠生活垃圾产生系统和生活垃圾收集效率，也会受政府法制法规与市场影响。生活垃圾回收量依赖生活垃圾收集量与生活垃圾回收效率，也受政府法规与市场影响。比如政府生活垃圾收费的制度与市场回收价格对收集量与回收量的影响。

（1）生活垃圾收费政策

依据生活垃圾产生子模型中对生活垃圾收费的描述，生活垃圾收费增加，居民回收意识增强，回收量会增加，生活垃圾产生量减少。如果生活垃圾产生量减少，生活垃圾收集量也会随着减少。

（2）市场回收价格

即在市场运作下所形成的回收价格。市场回收价格较高时，生活垃圾回收量增加，生活垃圾回收率与收集率增加。为赚取利润，可回收生活垃圾将卖给民间回收者，不会运至末端处理厂，末端生活垃圾处理量减少。

综上所述：

生活垃圾收集量 = 生活垃圾产生量 × 收集率 × 生活垃圾收费对生活垃圾收集量的影响因子 × 市场回收价格对生活垃圾收集量的影响因子

生活垃圾回收量＝生活垃圾收集量×回收率×市场回收价格对生
活垃圾回收量影响因子×生活垃圾收费对生活
垃圾回收量影响因子

生活垃圾收集总量＝生活垃圾收集量－回收量

生活垃圾收集量的入树结构见图4-10。

图4-10 生活垃圾收集量的入树结构

生活垃圾回收量的入树结构见图4-11。

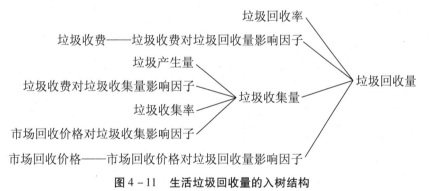

图4-11 生活垃圾回收量的入树结构

根据以上生活垃圾收集和回收子模型主要影响因子分析，构建图4-12所示的生活垃圾收集和收回子系统模型流。

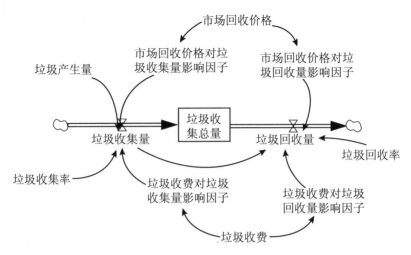

图4.-12　生活垃圾收集和收回子系统的模型流

4.3.4　末端处理子模型

城市生活垃圾无害处理量由城市生活垃圾收集量、回收量与无害化处理率共同决定，收集生活垃圾并非全部无害化处理，有些只是简单处理甚至找地方堆放，因此无害化处理率的影响至关重要。与此同时，城市生活垃圾处理技术的进步对末端处理影响重大，随着技术投资额的增加，技术更为先进，可以提高生活垃圾的无害化处理量，降低原生生活垃圾对环境的影响和资源的占用。

城市生活垃圾无害化处理量 =（生活垃圾收集量 − 生活垃圾回收量）×无害化处理率×末端处理技术影响因子

生活垃圾末端处理入树结构见图4 – 13。

图 4 – 13　生活垃圾处理总量的入树结构

依据以上生活垃圾处理子模型主要影响因子分析，构建生活垃圾末端处理子模型流，如图 4 - 14 所示。

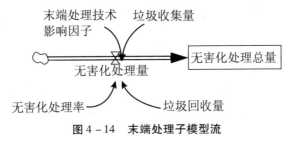

图 4 - 14　末端处理子模型流

4.4　模型的合成与应用方法

4.4.1　SD 模型方程

(1)　人口子系统

①人口总量 =（常住人口总量 + 流动人口总量）

②常住人口总量 = INTEG（常住人口增长量，C）

③常住人口增长量 = 常住人口总量 × 常住人口增长率 × 政策对人口影响因子

④流动人口总量 = INTEG（流动人口增长量，C）

⑤流动人口增长量 = 流动人口总量 × 流动人口增长率

⑥政策对人口影响因子 = WITH LOOKUP（政策因子）

(2)　生活垃圾产生子系统

⑦生活垃圾产生总量 = INTEG（生活垃圾产生量，C）

⑧生活垃圾产生量 = 人均生活垃圾产生量 × 人口总量 × 生活垃圾收费对生活垃圾产生量影响因子 × 绿色商品比例对生活垃圾产生量影响因子 × 社会文化对生活垃圾产生量影响因子

⑨人均生活垃圾产生量 = C

⑩生活垃圾收费对生活垃圾产生量影响因子

　＝WITH LOOKUP（生活垃圾收费因子）

⑪绿色商品比例对生活垃圾产生量影响因子

　＝WITH LOOKUP（绿色商品比例因子）

⑫社会文化对生活垃圾产生量影响因子

　＝WITH LOOKUP（社会文化因子）

（3）生活垃圾收集与回收子系统

⑬生活垃圾收集总量＝INTEG（生活垃圾收集量－生活垃圾回收量，C）

⑭生活垃圾收集量＝生活垃圾产生量×生活垃圾收集率×生活垃圾收费对收集量影响因子×市场回收价格对收集量影响因子

⑮生活垃圾回收量＝生活垃圾收集量×生活垃圾回收率×生活垃圾收费对回收量影响因子×市场回收价格对回收量影响因子

⑯生活垃圾收集率＝WITH LOOKUP（生活垃圾收集率）

⑰生活垃圾回收率＝WITH LOOKUP（生活垃圾回收率）

⑱生活垃圾收费对收集量影响因子

　＝WITH LOOKUP（生活垃圾收费因子）

⑲生活垃圾收费对回收量影响因子

　＝WITH LOOKUP（生活垃圾收费因子）

⑳市场回收价格对收集量影响因子

　＝WITH LOOKUP（市场回收价格因子）

㉑市场回收价格对回收量影响因子

　＝WITH LOOKUP（市场回收价格因子）

（4）生活垃圾处理子系统

㉒生活垃圾无害化处理总量＝INTEG（生活垃圾无害化处理量，C）

㉓生活垃圾无害化处理量＝（生活垃圾收集量－生活垃圾回收量）×
　　　　　　　　　生活垃圾无害化处理率×末端处理技术对
　　　　　　　　　生活垃圾无害化处理量影响因子

㉔生活垃圾无害化处理率＝WITH LOOKUP（生活垃圾无害化处理率）

㉕末端处理技术对生活垃圾无害化处理量影响因子
　　＝WITH LOOKUP（末端处理技术因子）

4.4.2　城市生活垃圾减量化系统的 SD 模型流

将各子模型建立在 Vensim – PLE 的窗口中，合成为总模块；也可利用 Vensim – PLE 的隐函数功能，对各子模型分别测试与应用。

Vensim – PLE 建模城市生活垃圾多级减量系统模型流见图 4 – 15。

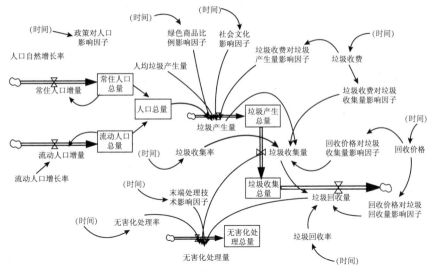

图 4 – 15　城市生活垃圾多级减量化系统模型流

4.4.3　模型的公式表达

（1）系统动力学模型与城市生活垃圾多级减量化的关系

城市生活垃圾的多级减量化涉及两个主要的难题，第一是城市生活垃圾的环节划分问题，第二是对其减量化效果的评价进行定量问题。如果从城市生活垃圾的生命周期考虑环节的划分将面临环节过于冗杂，部分环节数据极度匮乏，从而无法对其效果进行定量。如果从数据可得性较强的角度对其环节进行划分的话，环节分析的逻辑性太差，无法建立可回收城市生活垃圾减量化的全过程多级视角。上述问题是任何一个复杂的社会系统都要面对的难题，但由于我国城市生活垃圾管理历史较短，同时管理工作缺乏有效监督，所以数据可得性较差。

本书在以上综合分析的基础上，首先通过分析城市生活垃圾生命周期进行环节划分及研究，建立了全过程多级减量化的大视角。系统包含六个环节，分别为生产环节、流通环节、消费环节、转运环节、有偿回收环节和处理环节。

其次通过系统动力学原理建立了城市生活垃圾减量化模型，通过实证来定量的计量减量化的效果，最终提出有针对性和建设性的建议。模型包含四个子系统，分别为人口子系统、生活垃圾产生子系统、生活垃圾收集与回收子系统和末端处理子系统。四个子系统将城市生活垃圾减量化系统这一复杂的系统进行了细分，并为我们提供了多个变量以供实证、计量和政策模拟，包括人口总量、生活垃圾产生总量、生活垃圾收集率、生活垃圾回收率以及生活垃圾无害化处理率等。

由此，系统动力学模型与城市生活垃圾多级减量化有机结合在了一起，相得益彰。模型是多级减量化系统计量和实证的工具，多级减量化系统为模型提供了环节分析以及政策建议的宏观视角。

（2）城市生活垃圾减量化效果计量方法

系统动力学的模型为我们提供了计量的基础，但系统涉及众多变量，如何更好地计量城市生活垃圾减量化效果，使其更具操作性和可比性同样是一个技术难题，笔者拟以有害生活垃圾总量为核心，建立以城市生活垃圾总量、综合收集率、综合回收率以及综合无害化处理率为指标的生活垃圾减量化效果评价体系。

有害生活垃圾总量是城市生活垃圾全过程管理中末端的变量，是城市生活垃圾管理过程中遗留下的最终生活垃圾，其由两部分组成，分别是生活垃圾产生总量中未被收集的部分和生活垃圾产生总量中虽然被收集但没有经过无害化处理的部分。

商品经过居民的消费环节的活动而变为生活垃圾，从而得出生活垃圾产生总量，生活垃圾总量分为两部分，一部分是生活垃圾收集量；另一部分是生活垃圾未收集部分。

SD 模型已得出，

生活垃圾收集量＝生活垃圾产生总量×收集率×生活垃圾收费对
　　　　　　　生活垃圾收集量的影响因子×市场回收价格对
　　　　　　　生活垃圾收集量的影响因子

由此可得，

生活垃圾产生总量中未被收集的部分
＝生活垃圾产生总量×（1－生活垃圾综合收集率）

其中：

生活垃圾综合收集率＝收集率（K_1）×生活垃圾收费对生活垃
　　　　　　　　　收集量的影响因子×市场回收价格对生活
　　　　　　　　　垃圾收集量的影响因子

令生活垃圾产生总量为 W_1，生活垃圾收集总量为 W_2，综合收集率为 K_1，则有

生活垃圾产生总量中未被收集的部分＝W_1×（1－K_1）

城市生活垃圾经过环卫作业部门收集之后进入处理环节，其无害化处理量受多个影响因素控制，由上述系统动力学模型可得，

生活垃圾无害化处理量＝生活垃圾收集总量×生活垃圾无害化处
　　　　　　　　　　理率（K_3）×处理技术对生活垃圾无害
　　　　　　　　　　化处理量影响因子

又因为生活垃圾收集总量＝无害化处理量＋未无害化处理部分，

所以有

生活垃圾收集总量中未无害化处理的部分
＝生活垃圾收集总量×（1－生活垃圾综合无害化处理率）

其中：

生活垃圾综合无害化处理率＝生活垃圾无害化处理率（K_3）×处理技术对生活垃圾无害化处理量影响因子

综合回收率＝城市生活垃圾回收率（K_2）×市价对回收量影响因子×生活垃圾收费对回收量影响因子×分选转运技术对回收量影响因子

令生活垃圾收集总量 W_2，综合回收率 K_2，综合无害化处理率 K_3，则有

$$W_2 = W_1 \times K_1 \times (1 - K_2)$$

生活垃圾收集总量中未无害化处理的部分
$$= W_2 \times (1 - K_3) = W_1 \times K_1 \times (1 - K_2) \times (1 - K_3)$$

综上所述，可得城市生活垃圾减量（设为 H）

$$H = W_1 \times (1 - K_1 \times K_2 - K_1 \times K_3 + K_1 \times K_2 \times K_3)$$

由此可以通过上述公式来计量城市生活垃圾全过程多级减量化的效果，其中 W_1、K_1、K_2 和 K_3 可以通过模型计算得出，它们一方面决定了 H 的大小，另一方面也体现了生活垃圾减量的全过程管理视角。

（3）参数变动对城市生活垃圾减量化效果的影响

城市生活垃圾减量化系统是一个复杂的系统，涉及众多参数，每一

个参数的微小变动都将对其效果产生不可估量的影响，同时对单个参数的影响程度评价也会因为其他参数的不确定性而难以估计，但系统动力学模型为我们提供了系统划分以及参数影响效果的估计，正如罗马俱乐部成员丹尼斯·L. 梅多斯所言："我们建立的模型，是不完备、过分简化和未完成的。我们意识到了它的缺点，但我们相信它是现今处理空间—时间图表远处出现各种问题的最有用模型"。

参数变动对城市生活垃圾减量化效果的影响即系统动力学的情境模拟，本书首先从公式角度对其关系进行分析，之后通过系统动力学工具进行进一步的情境模拟和系统动力学实证分析。

生活垃圾产生总量对其减量化效果的影响

$$= 1 - K_1 \times K_2 - K_1 \times K_3 + K_1 \times K_2 \times K_3 > 0$$

可以看出，生活垃圾产生总量与减量化效果负相关，即可回收城市生活垃圾产生总量越小则最终的有害生活垃圾总量也越小，证实了可回收城市生活垃圾减量中源头减量的重要性。

综合收集率对其减量化效果的影响 $= W_1 \left(K_2 \times K_3 - K_2 - K_3 \right) < 0$

由此可得，综合收集率与减量化效果正相关，也就是说可回收城市生活垃圾减量化的效果随着综合收集率提高而提高，体现了生活垃圾收集工作及中间减量的重要性。

综合回收率对其减量化效果的影响 $= W_1 \times K_1 \times \left(1 - K_3 \right) < 0$

综合回收率与减量化效果之间同样呈现出正相关的关系，并且正相关的程度随着 K_1 及 W_1 的增加而变大，随着 K_3 的增大而变小，由此可见，提高可回收城市生活垃圾收集之后的回收率可以有效降低有害生活垃圾的产生量，并且其效果随着城市生活垃圾产生总量以及回收率的增加而越来越显著，而末端无害化处理可以补充没有有效回收造成的减量化效果不佳。

综合无害化处理率对其减量化效果的影响 $= W_1 \times K_1 \times (1 - K_2) < 0$

综合无害化处理率与减量化效果之间的关系同上述综合回收率与其关系完全相同，呈正相关关系，效果随 K_1 及 W_1 的增加而变大，随着 K_2 的增加而变小，即提高城市生活垃圾末端综合无害化处理的比例可以有效降低有害生活垃圾的产生量，并且其效果随着城市生活垃圾产生总量以及收集率的增加而越来越显著，而回收利用可以弥补没有进行无害化处理造成的资源浪费和污染，这更加体现了全过程多级减量化各个环节之间相互促进的作用。

第5章　城市生活垃圾减量化模型变量的选择与界定

5.1　人口子系统相关参数

人口子模型涉及的参数有：常住人口总量初始值、流动人口总量初始值、常住人口增长率、流动人口增长率以及政策对人口影响因子。

（1）常住人口相关参数

常住人口相关参数包括2016年常住人口规模和最近几年常住人口增长率。

常住人口指实际经常居住某地区的一定时间的人口。按人口普查与抽样调查规定，包括：①排除离开本地半年以上全部常住本地户籍人口；②户口在外地，但本地居住半年以上者，或离开户口所在地半年以上调查时本地居住。③调查时居住本地，任何地方都没登记的常住户口。

《北京市统计年鉴》数据显示：2016 年年末，共登记常住人口 2173 万人，与 2000 年第五次全国人口普查 1382 万人比[46]，年均增长 2.86%。随着经济社会的发展，北京市的地域优势对人才具有非常大的吸引力，常住人口的变化对生活垃圾的产生和处理有着重大的影响，人口对生活垃圾减量的影响依然在变化，因此，常住人口总量初始值定为 2016 年底的 2173 万，常住人口增长率定为 2.86%。

（2）流动人口相关参数

流动人口相关参数有 2016 年流动人口规模和 2016 年前后流动人口增长率。流动人口是相对常住人口，本书将观光旅游、探亲访友和出差办公等人数作为流动人口。北京市旅游局统计资料将接待观光旅游、探亲访友和出差办公等人口数统计为接待国内外旅游人数。所以本书将接待国内外旅游人数作为流动人口。依据《北京市统计年鉴》，国内外旅游人均停留 10 天，占常住人口居住天数 1/36.5，2016 年北京接待国内外旅游人数为 410000 万人次，所以有 2016 年流动人口总量为 410000 万人次 × 1/36.5 = 11232 万人。而 2000 年北京接待国内外旅游人数为 10468.1 万人

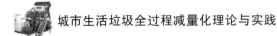

次，所以有 2000 年流动人口总量为 10468.1 万人次 × 1/36.5 = 286.7 万人，16 年间流动人口年均增长率为 25.76%[47]。考虑北京人口疏解，本书选择 2016 年人口规模 11232 万为流动人口初始值，4.5% 为流动人口增长率。

（3）政策对人口的影响因子

影响人口政策主要是指计划生育政策。计划生育政策的作用可以用计划生育调节因子来表达。本质是实际出生率和正常出生率的比值。北京人口学会 2008 年研究指出，20 世纪 90 年代以来，北京市人口实际出生率与正常出生率的比值基本上保持在 0.24 左右。

计划生育政策的抑制作用可以使人口的出生率急剧下降，但是，人口出生量的急剧下降也会带来一系列的不利影响。为此，计划生育政策也需要适时调整，调整的目标是人口的零增长，即出生率等于死亡率。

本模型采用计划生育调节因子表函数来实现人口出生率的调整，如图 5 - 1 所示。调整的依据是出生死亡比的变化，即设定：

计划生育调节因子 = f（出生死亡比）

当出生死亡比 > 1 时，计划生育调节因子按照历史的平均状况取点，其值为 0.24；当出生死亡比 = 1 时，确定为拐点，也是计划生育政策调整点；当出生死亡比小于 1 时，采取适当的措施，使计划生育调节因子逐渐增大，以提高出生率，直到出生死亡比率趋近于 1。

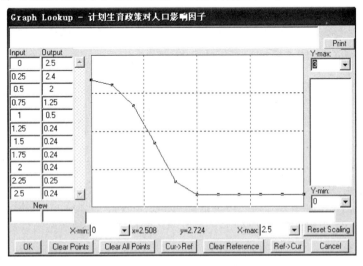

图 5 - 1　计划生育调节因子的表函数设定

5.2 生活垃圾产生子系统相关参数

生活垃圾产生子系统涉及参数有：人口总量、人均生活垃圾产生量、生活垃圾收费对生活垃圾产生量的影响因子以及绿色商品比例、社会文化对生活垃圾产生量的影响因子。

（1）人口总量

根据人口子模型分析，生活垃圾产生模型里，人口总量 = 常住人口数量 + 流动的人口数量。

（2）人均生活垃圾产生量

居民生活垃圾产生是很复杂的问题。许多研究机构与相关研究人员做了大量居民生活垃圾排放规律研究。周翠红和吴文伟等对北京市生活垃圾产量进行预测。该研究分析北京市城市生活垃圾产量，结果显示，人均生活垃圾日产量在未来 10 年变化不大，每天平均在 1.18 千克/人。

表 5-1 是发达国家 1980—1990 年人均生活垃圾排放情况。可以看出，10 年间人均值没有太大变化，有些国家甚至有所下降。平均值在每天 1.1 千克/人左右。

表 5-1　发达国家人均生活垃圾排放系数

编号	国家	人均垃圾产生量（千克/人×天）		增加值
		1980 年	1990 年	
1	丹麦	1.09	1.30	0.21
2	法国	0.79	0.90	0.11
3	德国	0.95	0.91	-0.04
4	奥地利	0.61	0.89	0.28
5	意大利	0.69	0.95	0.26
6	荷兰	1.36	1.36	0
7	英国	0.95	0.85	-0.10
8	芬兰	1.71	1.40	-0.31
9	瑞典	1.02	0.83	-0.19
10	日本	1.13	1.03	-0.10
11	美国	1.98	1.65	-0.33
12	加拿大	1.65	1.44	-0.21
	平均	1.16	1.13	-0.04

资料来源：周翠红，等. 北京市城市生活垃圾产量预测［J］. 中国矿业大学学报，2003（2）。

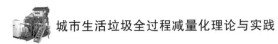

北京市 2020 年左右将达到 20 世纪 90 年代发达国家经济发展水平，可持续发展观念深入人心，环保意识不断增强，资源循环再利用率不断提高，未来人均城市生活垃圾排放量不会有较大增长。本书选择每天 1.1 千克作为人均生活垃圾产生量应该比较合理，由此得出，年人均生活垃圾产生量 = 1.1 × 365/1000 = 0.4015（吨/年）。

（3）生活垃圾收费对生活垃圾产生量影响因子

生活垃圾产生量受政府政策即生活垃圾处理费的影响。生活垃圾处理费越高，生活垃圾产生量越少，生活垃圾处理费与生活垃圾产生量间关系用函数表示，两者负相关。

瑞士联邦保罗·谢尔研究所的 Silvia Ulli-Beer 指出，生活垃圾收费政策对人均生活垃圾产生量的影响是一个逐步加强的关系，即随着生活垃圾收费越来越高，居民人均生活垃圾产生量以凸函数形势递减[48]。

北京市生活垃圾收费项目主要包括城市生活垃圾处理费和生活垃圾清运费，本市发改委目前公开的收费标准是城市生活垃圾处理费为每户每月 3 元，生活垃圾清运费为每户每年 30 元，生活垃圾收费合计为每户每年 66 元。上述标准自 1999 年制定以来尚未做过修改[49]。

本模型采用生活垃圾收费调节因子表函数来实现生活垃圾产生量的调整，调整依据是生活垃圾收费标准，即年人均生活垃圾收费。设定生活垃圾收费对生活垃圾产生量调节因子 = f（生活垃圾收费标准），其中生活垃圾收费标准是每人每年的收费标准。

考虑到模拟数据的误差、数据的平滑问题以及生活垃圾收费标准执行过程中的复杂性，本书对生活垃圾收费标准进行微调以更好地与现实模拟，如图 5 - 2 所示。

（4）绿色商品比例、社会文化对生活垃圾产生量的影响因子

绿色商品比例可以影响生活垃圾的产生量，与其呈负相关关系，即绿色商品比例越高，居民产生生活垃圾越少。社会文化因子代表着居民的环保意识、生活垃圾减量积极性等，与生活垃圾产生量呈负相关关系，

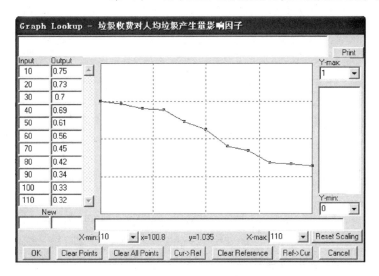

图 5 - 2 生活垃圾收费对人均生活垃圾产生量的影响因子

即社会文化越好，生活垃圾产生量越低。

　　绿色商品比例与社会文化影响因子都难以用确定的数据来衡量，没有足够的研究和数据来支撑其数值的选取，考虑到系统动力学中表函数的不必选取精确的数值，在满足模型模拟可行性基础上，本书主要通过表函数描述这两个因子的增减性（见图 5 - 3 和图 5 - 4）。

图 5 - 3 绿色商品比例影响因子

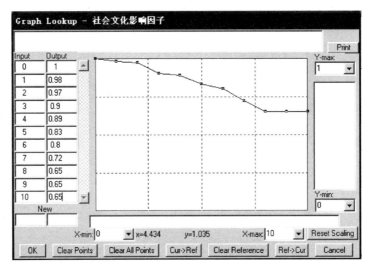

图 5-4 社会文化影响因子

5.3 生活垃圾收集回收子系统相关参数

(1) 城市生活垃圾收集率

城市生活垃圾收集量取决于收集率，收集率越高，收集量越多；收集率越低，收集量越少。市场回收价与生活垃圾收费也影响收集量。市场价高，市民把有价值生活垃圾卖给回收者，提高收集量。收费越高，产生量越减少，收集量也随之减少。

2006 年北京生活垃圾的收集率约 75%，收集区主要集中在 8 个区及远郊区市县城镇地区[50]。随城市化进程加快，市民环保意识加强和北京经济实力大幅度提升，收集区域越来越大，收集率越来越高，到 2010 年已达到 95%，2016 年达到 99%。

(2) 城市生活垃圾回收率

城市生活垃圾回收总量取决于回收率。回收率高，回收生活垃圾量越多；回收率低，回收生活垃圾量就少。如果市场回收价格提高，生活垃圾回收量增加。对于实施生活垃圾收费来说，生活垃圾收费提高，市民会减少生活垃圾产生量，回收物品增多。

2006 年北京生活垃圾回收率为 30%，随着政府对生活垃圾分类收集越来越重视，加大宣传力度，市民的环境意识增强，生活垃圾回收率会越来越高。2016 年北京生活垃圾回收率达到德国等发达国家水平，即 55%。

（3）市场回收价格对生活垃圾收集量的影响因子

市场回收价格转换成收集量的表函数，呈正向关系。即提高市场回收价格，生活垃圾收集量增加。由于生活垃圾的种类繁多，不同生活垃圾价格迥异，市场回收价格并不容易确定，本书采取插补赋值的方法对其进行综合研究。

因为系统动力学研究的是在自身建立的系统内的定量与模拟问题，所以我们可以对生活垃圾综合回收价格进行赋值，以此来研究生活垃圾回收价格对生活垃圾收集量的影响程度。

设定市场回收价格对收集量调节因子 = f（生活垃圾综合回收价格），如图 5 - 5 所示。

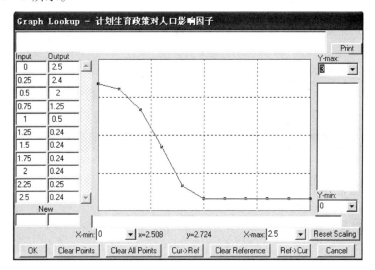

图 5 - 5　市场回收价格对生活垃圾收集量影响因子

（4）生活垃圾收费对生活垃圾收集量的影响因子

将生活垃圾收费转化成生活垃圾收集量表函数，两者呈负向关系，即提高生活垃圾收费，生活垃圾收集量减少。其中生活垃圾收费标准的选取与前文所述生活垃圾收费对生活垃圾产生量的影响相同。设定：生活垃圾收费对生活垃圾收集量调节因子 = f（生活垃圾收费标准），如图5 - 6所示。

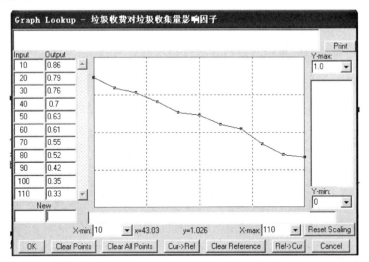

图5 - 6 生活垃圾收费对生活垃圾收集量的影响因子

（5）市场回收价格对生活垃圾回收量的影响因子

在生活垃圾回收市场上，市场回收价格对回收量影响以市场回收价格和生活垃圾回收量间关系表示，二者呈正相关关系。设定市场回收价格对回收量调节因子 = f（生活垃圾综合回收价格），如图5 - 7 所示。

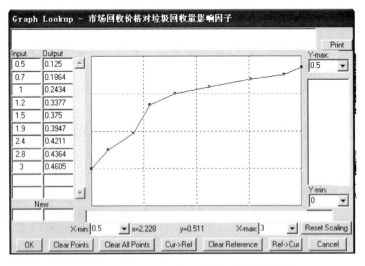

图5 - 7 市场回收价格对生活垃圾回收量的影响因子

(6)　生活垃圾收费对生活垃圾回收量的影响因子

生活垃圾收费对回收量影响是生活垃圾收费和生活垃圾回收量之间的关系，二者呈正相关关系。其中，生活垃圾收费标准的选取与前文所述生活垃圾收费对生活垃圾产生量的影响相同。设定生活垃圾收费对生活垃圾回收量调节因子 = f（生活垃圾收费标准），如图 5 - 8 所示。

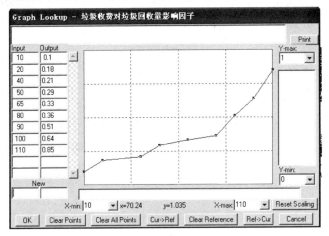

图 5 - 8　生活垃圾收费对生活垃圾回收量的影响因子

5.4　生活垃圾处理子系统相关参数

生活垃圾处理子系统需要选择与界定的参数有无害处理量、城市生活垃圾无害化处理率及处理技术对生活垃圾无害化处理量影响因子。

(1)　城市生活垃圾无害化处理量

城市生活垃圾处理量是指经无害化处理、一般处理和简易处理的城市市区城市生活垃圾数量，经过无害化处理的生活垃圾将不会对环境产生二次危害，其主要受无害化处理率的影响，同时处理技术的进步可以提高生活垃圾的无害化处理量。

$$生活垃圾无害化处理量 = （生活垃圾收集量 - 生活垃圾回收量）×$$
$$生活垃圾无害化处理率 × 处理技术对生活$$
$$垃圾无害化处理量影响因子$$

（2）城市生活垃圾的无害化处理率

城市生活垃圾的无害化处理率是经无害化处理、一般处理或简易处理的市区城市生活垃圾量占市区城市生活垃圾清运量的百分比。

根据国务院环境保护委员会颁布的《城市环境综合整治定量考核指标实施细则》规定，无害化处理的城市生活垃圾处理量，按实际处理量计算；一般处理量按实际处理量乘以 0.5 计算；简易处理量按实际处理量乘以 0.3 计算。

因此可得城市生活垃圾无害化处理率的计算方式如下：

$$城市生活垃圾无害化处理率 = [（无害化处理量 + 0.5 \times 一般处理量 + 0.3 \times 简易处理量）] / 城市生活垃圾清运总量 \times 100\%$$

式中：

城市生活垃圾清运总量是运到生活垃圾转运站或最终处理厂的生活垃圾数量。

无害化处理量是指用卫生填埋、堆肥、焚烧、分类或综合处理等环保标准方法处理的城市生活垃圾量；城市生活垃圾处理过程中经分选、消毒后无害无污染并予以加工利用的城市生活垃圾量也应计入。

一般处理量是指生活垃圾处理场经工程设计、环评及运行管理，按设计施工，对生活垃圾进行基本处理，尚未达到无害化处理标准的生活垃圾处理量。

简易处理量是指有专人管理，采取措施，减少环境污染与对人体健康直接危害的城市生活垃圾量。

20 世纪 90 年代以来，北京市加大生活垃圾处理投资，无害化处理率与总处理量不断增长。国家统计局数据显示，2006 年北京市全市城市生活垃圾无害化处理率达到 95%，2016 年全市城市生活垃圾无害化处理率已经达到了 99%。

因此，确定 2016 年北京生活垃圾无害化处理率为 99%。

（3）末端处理技术对生活垃圾无害化处理量影响因子

无害化处理技术的飞速发展及大范围普及，是目前北京市城市生活垃圾无害化处理率较高的主要影响因素。

技术的进步可以有效增加生活垃圾无害化处理量，其与生活垃圾无害化处理量呈正相关关系，在模型中主要起到调整变量，提高模型精确度的作用。

设定末端处理技术对生活垃圾无害化处理量影响因子 = f（末端处理技术因子），如图 5 - 9 所示。

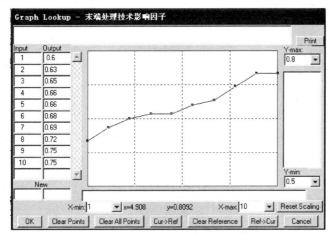

图 5 - 9　末端处理技术影响因子

第6章 城市生活垃圾减量化模型检验及政策模拟

6.1 模型检验

现实中城市生活垃圾管理系统十分复杂，模型只是现实系统的抽象和近似。构建的模型有效代表现实系统，直接决定了模型仿真与政策分析的质量。所以在进行模拟仿真与政策实验前，对模型进行有效性检验，验证模型是对真实系统的良好"表示"。

模型验证的内容主要有两个方面：一是理论性检验，分析模型边界合理与否，模型变量间关系正确与否，参数取值的实际意义及方程变量纲一致性等。二是历史性仿真，选定过去一时段，将仿真结果与实际结果对比，以验证模型能否有效代表实际系统。

基于上述原则，对本书北京市城市生活垃圾管理 SD 模型做理论性检验与历史性检验。

（1）理论性检验

理论性检验工作贯穿建模过程始终，在利用 SD 软件建模过程中，软件本身会对模型做理论性检验，主要内容包括：结构与实际系统的一致性检验、方程和量纲一致性检验、模型结构强壮性等。

（2）模型结构一致性检验

本书建模前，分析了城市生活垃圾管理系统结构、反馈结构和方程都拟合实际系统，符合实际系统的情况，具有现实意义。所以模型和实际的北京城市生活垃圾管理系统相符合。

（3）方程和量纲检验

Vensim – PLE 软件具有方程检验与量纲检验功能，能及时提醒建模过程中出现的错误。

（4）模型结构的强壮性检验

Vensim – PLE 软件也有灵敏度分析功能，参数在合理范围内变化，模型中主要变量的变化不敏感，则说明模型行为有强壮性，适用做政策分析。

（5）历史性检验

模型通过理论性检验后，即可做行为一致性检验（历史性检验），以检验模型模拟结果与真实系统行为一致与否。

本书挑选代表模型行为最重要的两个变量，常住人口总量与废弃物收集量（对应实际系统生活垃圾清运量）进行行为一致性检验。

检验起止时间为 2011—2015 年，时段 5 年。检验结果见表 6 – 1。

表 6 – 1　模拟数据和历史数据对比

年份	常住人口总量			城市生活垃圾收集量		
	统计值	模拟值	误差	统计值	模拟值	误差
	万人	万人	%	万吨	万吨	%
2011	2018	2018	0.0	634.4	634.4	0.0
2012	2069	2122	2.6	648.3	632.7	− 2.4
2013	2114	2204	4.3	671.7	665.6	− 0.9
2014	2151	2297	6.8	733.8	680.9	− 7.2
2015	2170	2172	0.1	790.3	775.2	− 1.9

由检验结果可以看出，常住人口总量模拟值和统计值最大误差为 6.8%。城市生活垃圾收集量模拟值和统计值最大误差为 7.8%。总体模型行为较好模拟真实系统，可用于趋势模拟与政策调控分析。

6.2 减量化政策组合模拟分析

6.2.1 不同情境下方案设置

通过分析影响城市生活垃圾多级减量化系统相关因素，本书根据城市生活垃圾减量化对策设定源头减量、中间减量和末端减量三种情境，对每种情境制定了不同模拟方案，对不同方案模拟结果做出分析。

（1）自然趋势方案

各变量按照目前变化趋势与变化率，主要靠系统内部制约因素，不做人为调控。

（2）源头减量控制方案

源头减量是指产品在变成生活垃圾之前进行的控制和管理，在城市生活垃圾多级减量化系统中包括生产环节、流通环节和消费环节。城市生活垃圾管理最优先原则是控制产生源的，很多发达国家的多年生活垃圾管理经验都充分说明，生活垃圾末端处理是被动的，源头减量是解决生活垃圾问题的关键，分析源头减量方案的效果有重大意义。

在前文的系统动力学模型中，源头减量的控制因素包括人口总量、绿色商品比例、社会文化影响以及城市生活垃圾收费政策，考虑到人口因素的复杂性，本书的源头控制主要考虑后三个影响因子。

近年来我国食品安全事件频发已经引起了社会的广泛关注，随着北京经济社会的发展，绿色商品的比例势必与国际接轨，相关的法规与认证也将逐渐更加健全，在现行趋势下绿色商品比例的影响因子2017年稳定在0.60左右。在情境分析中，本书设定绿色商品比例影响因子2017年达到0.45左右。

北京市非常重视社会文化对城市生活垃圾减量的影响，从2010年4月15日起，规定每个周四为"生活垃圾减量日"，社区与学校的宣传活动众多。在情境分析中，本书设定社会文化影响因子2017年达到0.4左右。

生活垃圾收费政策很难预测，这一方面要考虑生活垃圾收集的成本；

另一方面要考虑居民的接受程度。2006 年北京的居民城市生活垃圾综合收费系数大概在每人每年 20 元，本书设定 2017 年达到每人每年 100 元。

（3）中间减量控制方案

中间减量是多级减量化中，从工程技术手段上研究较多的，主要研究产品变成生活垃圾到最终处理处置的减量化问题。在城市生活垃圾多级减量化系统中，中间减量包括生活垃圾收集环节和生活垃圾回收环节。

由前文系统动力学的模型分析可知，中间减量的控制因素包括生活垃圾收集率、生活垃圾回收率、生活垃圾收费政策及回收价格。在中间减量控制方案中，本书设定城市生活垃圾的收集率 2017 年达到 99%，城市生活垃圾的回收率达到 75%，生活垃圾收费同样达到每人每年 100 元，生活垃圾回收价格指数达到 3。

（4）末端减量控制方案

末端减量是 SD 模型中的处理环节，是前五个环节成果的巩固，也是多级减量化的最后一个环节。末端减量中一些措施是被动的，但又不可缺少，包括焚烧、堆肥。

由前文系统动力学的模型分析可知，末端减量的控制因素包括生活垃圾无害化处理率及末端处理技术影响因子。在末端控制方案中，本书设定 2017 年城市生活垃圾无害化处理率达到 100%，末端处理技术影响因子达到 0.9。

（5）综合调控方案

将方案（2）、（3）、（4）汇总，对源头、中间、末端同时实行调控。

6.2.2　各方案下系统行为模拟结果分析

上述四个人为调控方案将对城市生活垃圾多级减量化模型产生至关重要的影响，本节将从生活垃圾产生量、生活垃圾收集量、生活垃圾无害化处理量进行模拟，观察在各种情境下模型的主要变量变化趋势，最后以此为基础评估各个调控方案的减量化效果，即有害生活垃圾的产生量。

以下所得出的模拟数据，是在 Vensim – PLE 软件中输入生活垃圾产生量、收集量、无害化处理量的模型方程，以及第 5 章数据，利用该软件的执行模拟功能分别进行五种情境下的模拟得到的。

（1）生活垃圾产生量的比较

生活垃圾产生量是生活垃圾产生子系统的变量，是模型前端的重要变量，在本书的模型中，其大小取决于人口总量、人均生活垃圾产生量、绿色商品比例、社会文化及生活垃圾收费政策。

在上述五种情境下，只有源头减量方案及综合减量方案会影响生活垃圾产生量的大小，而在中间减量方案及末端减量方案下由于上述参数与自然趋势下相同，模拟出的生活垃圾产生量也没有变化。

从表 6 – 2 及图 6 – 1 可以看出，在自然趋势下，2006 年的生活垃圾产生量为 781.34 万吨，到 2020 年将达到 985.54 万吨，在源头减量方案及综合减量方案下到 2020 年生活垃圾产生量将缩减到 886.99 万吨，削减100 万吨。

由此可以直观地观察到绿色商品比例、社会文化及生活垃圾收费政策的进步对生活垃圾产生量的影响。

表 6 – 2　不同情境下的生活垃圾产生量比较　　单位：万吨

年份	自然趋势	源头减量方案	中间减量方案	末端减量方案	综合减量方案
2006	781.34	703.20	781.34	781.34	703.20
2007	792.88	713.60	792.88	792.88	713.60
2008	804.82	724.34	804.82	804.82	724.34
2009	817.16	735.44	817.16	817.16	735.44
2010	829.92	746.92	829.92	829.92	746.92
2011	843.12	758.81	843.12	843.12	758.81
2012	856.78	771.10	856.78	856.78	771.10
2013	870.93	783.84	870.93	870.93	783.84
2014	885.58	797.03	885.58	885.58	797.03
2015	900.77	810.69	900.77	900.77	810.69

年份	自然趋势	源头减量方案	中间减量方案	末端减量方案	综合减量方案
2016	916.51	824.86	916.51	916.51	824.86
2017	932.83	839.54	932.83	932.83	839.54
2018	949.75	854.78	949.75	949.75	854.78
2019	967.31	870.58	967.31	967.31	870.58
2020	985.54	886.99	985.54	985.54	886.99

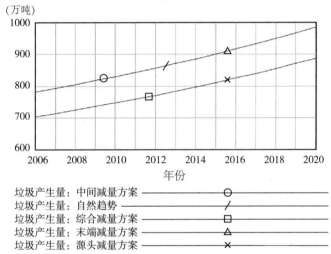

图 6 - 1　不同情境下的生活垃圾产生量比较

（2）生活垃圾收集量的比较

生活垃圾收集量是生活垃圾收集回收子系统的变量，是模型中间的重要变量，在本书的模型中，其大小取决于生活垃圾产生量、生活垃圾收集率、生活垃圾收费政策、生活垃圾回收价格及生活垃圾回收率。

在上述五种情境下，末端减量方案由于并没有改变模型中前端的参数，所以在此情境下生活垃圾收集量与自然趋势下生活垃圾收集量相同。源头减量方案由于较大幅度降低了生活垃圾产生量，所以在收集回收子系统参数不变的情况下生活垃圾收集量小于自然趋势下的生活垃圾收集量。而在中间减量方案及综合减量方案下，由于收集回收子系统参数的提高，生活垃圾收集量得到了大幅提高。

从表6-3及图6-2可以看出，在自然趋势下，2006年的生活垃圾收集量为578.19万吨，到2020年将达到729.30万吨，综合收集率为74%。在中间减量方案下到2020年生活垃圾收集量将提高到827.86万吨，综合收集率大幅提高到了84%。

由此可以直观地观察到绿色商品比例、社会文化及生活垃圾收费政策的进步对生活垃圾产生量的影响。

表6-3　不同情境下的生活垃圾收集量比较　　　　　　单位：万吨

年份	自然趋势	源头减量方案	中间减量方案	末端减量方案	综合减量方案
2006	578.19	520.37	656.32	578.19	676.48
2007	586.73	528.06	666.02	586.73	686.48
2008	595.57	536.01	676.05	595.57	696.81
2009	604.70	544.23	686.41	604.70	707.49
2010	614.14	552.72	697.13	614.14	718.54
2011	623.91	561.52	708.22	623.91	729.97
2012	634.02	570.62	719.70	634.02	741.80
2013	644.49	580.04	731.58	644.49	754.05
2014	655.33	589.80	743.89	655.33	766.74
2015	666.57	599.91	756.65	666.57	779.89
2016	678.21	610.39	769.87	678.21	793.51
2017	690.29	621.26	783.57	690.29	807.64
2018	702.82	632.53	797.79	702.82	822.30
2019	715.81	644.23	812.54	715.81	837.50
2020	729.30	656.37	827.86	729.30	853.28

（3）生活垃圾无害化处理量比较

城市生活垃圾的无害化处理量是模型的最后一个变量，所以五个方案的减量效果都可以呈现出来。然而由于无害化处理总量一方面取决于

垃圾收集量

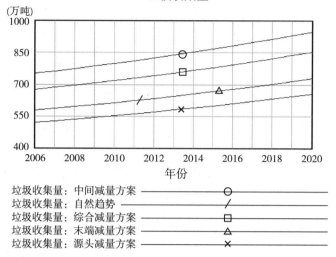

图6-2　不同情境下的生活垃圾收集量比较

无害化处理率，另一方面还取决于城市生活垃圾的收集量，所以在不同的情境下比较无害化生活垃圾量的大小并没有意义。

　　比如在表6-4及图6-3中，源头减量方案下由于生活垃圾产生量比较小，最终的无害化处理量也小于自然趋势下的无害化处理量，而在中间减量方案下由于综合收集率的提高，最终的无害化处理量大于自然趋势下的无害化处理量。

表6-4　不同情境下生活垃圾无害化处理量的比较

年份	自然趋势	源头减量方案	中间减量方案	末端减量方案	综合减量方案
2006	494.35	444.92	584.13	549.28	481.99
2007	501.66	451.49	592.76	557.40	489.12
2008	509.21	458.29	601.68	565.79	496.48
2009	517.01	465.31	610.91	574.46	504.09
2010	525.09	472.58	620.44	583.43	511.96
2011	533.44	480.10	630.31	592.71	520.10
2012	542.09	487.88	640.53	602.32	528.53
2013	551.04	495.93	651.11	612.26	537.26

续表

年份	自然趋势	源头减量方案	中间减量方案	末端减量方案	综合减量方案
2014	560.31	504.28	662.06	622.57	546.30
2015	569.92	512.92	673.41	633.24	555.67
2016	579.87	521.89	685.18	644.30	565.38
2017	590.20	531.18	697.38	655.78	575.44
2018	600.91	540.82	710.03	667.68	585.89
2019	612.02	550.82	723.16	680.02	596.72
2020	623.55	561.20	736.79	692.84	607.96

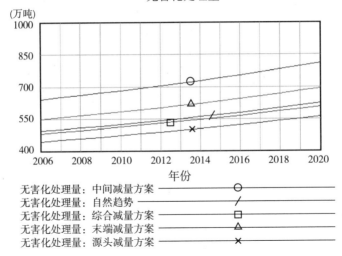

图 6-3   不同情境下生活垃圾无害化处理量的比较

(4) 有害生活垃圾产生总量的比较

综上可知，要想对各个减量化方案进行综合的评估必须提出新的变量，无害化处理量只是多级减量化效果评估的一个基础。

由前文可知，$H = W_1 \times (1 - K_1 \times K_2 - K_1 \times K_3 + K_1 \times K_2 \times K_3)$，其中 H 为有害生活垃圾总量，W_1 为生活垃圾产生量，K_1 为生活垃圾综合收集率，即前端削减率，K_2 为生活垃圾回收率，即中段削减率，K_3 为生活垃圾综合无害化处理率，即末端削减率。

由上文模拟得出的数据可以计算出各个情境下的生活垃圾产生量及削减率。其中 K_1、K_2 及 K_3 如表 6-5 所示。

表 6-5　综合收集率、综合回收率及综合无害化处理率

	自然趋势	源头减量方案	中间减量方案	末端减量方案	综合减量方案
K_1	0.74	0.82	0.84	0.74	0.96
K_2	0.43	0.39	0.37	0.43	0.33
K_3	0.85	0.77	0.89	0.95	0.83

前文已经模拟出了各个情境下历年的生活垃圾产生量数据，即 W_1，由此可以得出有害生活垃圾总量 H 的模拟值，见表 6-6 及图 6-4。

表 6-6　不同情境下的有害生活垃圾总量比较

年份	自然趋势	源头减量方案	中间减量方案	末端减量方案	综合减量方案
2006	250.56	206.17	157.50	219.50	113.18
2007	254.26	209.22	173.07	222.74	114.85
2008	258.09	212.37	175.67	226.09	116.58
2009	262.04	215.62	178.36	229.56	118.37
2010	266.14	218.99	181.15	233.14	120.21
2011	270.37	222.47	184.03	236.85	122.13
2012	274.75	226.08	187.01	240.69	124.11
2013	279.29	229.81	190.10	244.66	126.16
2014	283.99	233.68	193.30	248.78	128.28
2015	288.86	237.68	196.61	253.05	130.48
2016	293.90	241.84	200.05	257.47	132.76
2017	299.14	246.14	203.61	262.05	135.12
2018	304.56	250.61	207.31	266.81	137.57
2019	310.20	255.24	211.14	271.74	140.12
2020	316.04	260.05	215.12	276.86	142.76

由此可以直观地观察到不同情境下的可回收城市生活垃圾减量化的效果及定量比较情况。在自然趋势下，到 2020 年，有害生活垃圾产生总量将达到 316.04 万吨，在源头减量、中间减量、末端减量及综合减量方

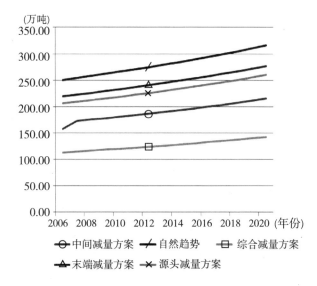

图 6-4　不同情境下的有害生活垃圾总量比较

案下，有害生活垃圾产生总量分别削减到了 260.05 万吨、215.12 万吨、276.86 万吨和 142.76 万吨，分别削减了 17.7%、32%、12.4%及 54.8%。

由上述分析可以看出，综合减量方案的减量化效果最佳，超过了 50%，之后依次是中间减量方案、源头减量方案以及末端减量方案，即使末端减量方案效果一般，依然可以达到 12.4%。综合减量是成本最高的方案，相对而言，中间减量具有最佳的成本—收益比，应大力推广中间减量。从全社会来看，则要调动各方积极性，实施综合减量方案。针对不同的减量化方案及已经模拟出的减量化效果，本书将根据综合减量方案，最后提出具有操作性及实践意义的调控政策。

6.3　调控政策

由前文可知，本书选择有害生活垃圾总量来衡量城市生活垃圾全过程多级减量化的效果，本节的调控政策将针对有害生活垃圾产生量的影响因子分源头、中间和末端三个部分来阐述，并依据前文的模拟结果给出相应政策可能达到的减量化效果。

6.3.1　源头减量政策

城市生活垃圾的产生量受众多因素的影响，其中包括人口因素、社会文化因素、生活垃圾收费及绿色商品比例等。人口的控制是一个更为复杂的问题，受众多其他因素的影响，不能为生活垃圾减量制定简单的人口政策，所以本书从另外三个方面来考虑城市生活垃圾源头减量的控制方法。

（1）社会文化方面

社会文化方面可以从两个思路展开生活垃圾减量工作，一个是关键性的生活垃圾分类工作；另一个是加强宣传提高居民环保意识，鼓励居民在生活的一点一滴中参与生活垃圾的减量。

为了推动生活垃圾减量分类，近几年来，北京市有关部门投入了不少财力、物力。但就目前情况来看，生活垃圾减量分类的效果还不能令人满意。这其中有客观原因，比如城市化进程不断加快，城市人口增长和生活水平提高都超出了预期，生活垃圾处理能力和硬件设施投资难以一下子跟进。但更重要的还是主观原因，即粗线条的生活方式与管理方式尚未得到根本性的转变，而生活方式与管理方式，恰恰是决定一个城市文明与发达程度的关键因素。结果，一方面生活垃圾减量分类没有完全成为普通市民的生活习惯和自觉行动；另一方面，有关部门对生活垃圾减量分类缺乏精细化、系统性的管理，不利于生活垃圾分类工作开展。

政府应加大宣传、加强环保教育以强化人们的环保观念，使居民在日常生活中自动采用有利于环境保护的做法，减少生活垃圾产生，这样可以在节约资源和减少污染同时改善环境卫生。改变人的行为习惯必然带来生活垃圾产生状况的本质性改变，这是一项长期且艰巨的任务。

总而言之，只有普通市民不仅成为一座城市的生产者、消费者，城市资源和现代化生活的分享者，也成为这座城市的治理者，以脚踏实地、一丝不苟、人人动手、不厌其烦的态度，做好生活垃圾减量这样的身边小事，自觉创造更良好的生产环境和生活环境的时候，共建共享文明的社会氛围才能真正形成，生活垃圾处理等社会难题才能得到真正的破解，文明、绿色的现代化城市才能真正的建立。

（2）生活垃圾收费方面

废弃物收费制度是解决废弃物环境污染的重要经济手段，科学制定城市废弃物收费制度，有助于促进社会公平、提高经济效益与调动公众参与改善环境的积极性，有助于废弃物减量。北京目前的生活垃圾收费制度存在着诸多弊端，例如，只重视生活垃圾末端治理而忽略生活垃圾的全过程治理，只重视按户收费而忽略按生活垃圾排放量收费，缺乏对环境保护的奖励手段，等等，从而导致交易成本高、公平性缺失等问题。

北京市政府已经开始探索城市生活垃圾的计量收费制度，虽然面临重重难题，但城市生活垃圾收费制度的综合改革已经箭在弦上，并且在最大限度上有利于城市生活垃圾的源头减量和中间减量。

（3）绿色商品比例方面

绿色商品改革主要包括两个方面，一方面是商品原材料的绿色化，主要包括净菜进城方案；另一方面是商品的绿色包装，即抵制商品的过度包装。

目前，净菜进城还未做到令人满意。主要是受居民的生活观念影响，居民认为有根、皮甚至泥的菜新鲜。实现净菜进城需要政府推动，企业运作。即政府要采取行政干预，制定相关经济政策，并逐步推广与规范净菜进城；企业采用现代化管理手段，规模效益与连锁经营，降低净菜成本与价格，使净菜进城顺利实施。还要加强宣传，使人们明确净菜进城必要。

我国人均资源占有率低，发展包装工业必须保护环境。某些大中城市"工业生活垃圾"和"城市生活垃圾"中包装物占比大于40%。国内使用的大部分塑料包装需百年才能完全分解，且人工处理难度极大。目前包装污染严重，治理污染措施又不得力，应尽快限制过度包装与使用一次性产品，要点是：①制定规定实现依法管理，规范征收过程；②明确与落实生产、销售与消费者责任；③用经济手段来限制包装材料资源使用，鼓励循环利用与回收利用。

6.3.2　中间减量政策

中间减量包含两个环节，分别是生活垃圾收集和生活垃圾回收。在城市生活垃圾产生数量一定的前提下，生活垃圾的收集量越大、回收量越大，则有害生活垃圾最终的累积量越小。影响生活垃圾收集量及回收量的主要因素包括生活垃圾收费政策及生活垃圾回收价格，前文已经介绍了城市生活垃圾收费制度改革，本节着重介绍如何发挥回收价格在城市生活垃圾减量中的杠杆作用。

针对生活垃圾回收，目前的研究还不够深入。随着取消了对废品回收倾斜的政策，废品回收从经济上难以持续，不断萎缩。因此，除了在改造现有商业系统废品回收网络之外，建立居民区回收点来完善回收网络，成立专门的协调机构、协调回收利用的政策、回收物质再生利用等，是回收有序化的难点。城市废弃物管理是包含多个要素的复杂体系，有众多参与主体与利益关系。价格机制影响居民社会行为，也影响城市废弃物处理的运行效率。

使用经济手段适当提高生活垃圾回收价，制定回收奖励政策增强回收力度，完善回收设施和政策，提高回收物品循环再利用的比率以降低城市废弃物最终产生量和处理量。城市生活垃圾回收一方面可以减少末端生活垃圾的处理量，同时还可以提高资源的再利用率，所以回收率的提高对于城市生活垃圾的减量以及环境保护举足轻重。在运用经济杠杆的过程中需要认识到在市场化的环境下，回收价格并不是越高越好，回收价格太高会降低回收企业的积极性，反而不利于回收率的提高。所以通过调查和深入研究，制定市场化的回收价格，可以有效提高城市生活垃圾回收率，将对城市生活垃圾的减量化工作起到杠杆的作用。

中间减量的政策还包括生活垃圾收集率及回收率的提高，随着北京市经济的发展，未来的生活垃圾收集设施及城市生活垃圾回收渠道将越来越健全，这都将大大有利于城市生活垃圾的中间减量效果。

6.3.3　末端减量政策

城市生活垃圾的末端减量影响因素较少，主要受无害化处理率及末端处理技术的影响，其中无害化处理率包括生活垃圾的资源化率，而这也是城市生活垃圾未来发展的新方向。

（1）生活垃圾处理技术的改革建议

在北京，城市生活垃圾的主流处理方式也是填埋加焚烧。填埋和焚烧，这两种方法既污染空气环境、占用土地、浪费资源，又不能彻底解决问题。比如，堆肥处理的减量只有40%～50%，大量的生活垃圾又回到了填埋场；焚烧增加大气粉尘和有害气体。正因为如此，目前美国生活垃圾焚烧厂由120多座减少到了70多座。从20世纪70年代起，日本率先封杀了生活垃圾填埋，欧洲、美国、中国也相继改生活垃圾填埋为焚烧。

处理技术的进步（比如减少生活垃圾焚烧的粉尘污染、提高生活垃圾填埋的渗透液处理率等）不但可以从根本上解决填埋、焚烧等传统生活垃圾处理方式对环境造成的种种不良影响和后果，而且可将生活垃圾中的绝大部分有价资源回收，其自动化程度高、能耗低、性价比优，具有良好的经济效益和巨大的社会效益。推动生活垃圾处理技术的进步与改革将有效提高城市生活垃圾的末端处理效率。

（2）生活垃圾资源化的建议

在资源化方面，要提出一些操作性强的法律规范，如《废旧轮胎回收利用管理办法》《废旧家用电器回收利用管理办法》等，将生活垃圾资源化逐步纳入法制管理轨道。认真落实国家资源化利用的有关政策，加大公共财政对资源化利用的支持力度，并在信贷等方面给予必要支持，如废旧物资回收企业免征增值税的政策、翻新轮胎免征消费税政策等。

以上的调控政策体系涉及政治、经济、文化和技术，覆盖城市生活垃圾多级减量化的生产环节、消费环节、收集回收环节及处理环节，分为源头减量、中间减量和末端减量三个部分，在不同的部分又分别有多个方面的影响因素及政策建议，同时在系统中模拟出了不同的减量政策组合预期的减量化效果，是一个立体式、定量化的城市生活垃圾减量化调控政策组合。

第7章　城市生活垃圾全过程
减量化最佳实践

本章依据本书的理论分析，结合国内外实践，汇集国内外在城市生活垃圾全过程减量化领域的最佳实践。

7.1　美国城市生活垃圾全过程减量化实践

7.1.1　政府主要立法与措施

（1）政府立法

美国《国家环境政策法》：国家要履行每一代人都为子孙后代着想的环境托管者的责任，环境保护主要是联邦政府的责任，每个公民都是环境保护的主体，人人都有保护环境的义务。环保意识的教育贯穿每个公民从小学到大学的教育中。

美国《购物中心城市固体废物减量化导则》：购物中心作为供应商和消费者的枢纽，在城市生活垃圾循环利用、减少包装废弃物以及对公众进行城市生活垃圾循环利用宣传方面起着重要的作用。美国联邦环保局和国际购物中心委员会合作发布，以便于帮助购物中心评价其城市固体废弃物管理实践、识别减少城市固体废弃物处理量的机会，使国家或者当地的城市固体废弃物循环机构与购物中心合作，并在其权限之内设计和实施城市固体废弃物预防和循环计划。美国购物中心的平均面积约为11100平方米，社区型购物中心占其购物中心总数的70%。美国环境保护局在全国设立200个废物交换点和3000个回收中心。

美国《商品包装法》《资源保护和回收再利用法》：最大限度地减少

城市生活垃圾的产生和生活垃圾资源的回收再循环工作。在具体的实施过程中，美国政府通过调动企业、公众、市场三方力量，加大技术革新步伐，从产品的设计、包装到改变消费者的消费习惯等途径，从源头上控制生活垃圾的产生量。

美国《合理废弃计划》：这是另一个关于固体废弃物减量化的政策，通过与美国工商企业的合作进行固体废弃物消减活动，使它们认识到固体废弃物减少不仅具有环境效益而且还有商业意义。美国联邦环保局发起这一自愿性质的行动计划来帮助工商企业将它们的固体废弃物削减设想付诸实施。接受合理废弃物计划的公司承诺在固体废弃物防止、可回收物收集及购买或制造再生产品三个方面做出成绩。

美国《固体生活垃圾处理法案》：目前，已有十几个州制定了废弃瓶子的处理办法规定，20 多个州制定了禁止在庭院内处理废弃物的法规，近一半的州对固体废弃物的循环处理率超过了 30%。

美国早在 20 世纪 90 年代初就对废旧家电的处理制定了一些强制性条例，2002 年又出台了一系列法规法令，对从事回收家电产品中制冷剂的人的从业资格、使用的设备以及回收比率等都做出明确规定，以确保回收利用过程能够达到政府所规定的各项要求和技术指标。美国还通过干涉各级地方政府的购买行为，确定再生成分的产品在政府采购中占有一定地位，再一次推动包括废旧家电在内的废弃物的回收利用。

此外，美国还通过征收填埋和焚烧税来促进有关企业回收利用废弃物。2003 年 9 月，加利福尼亚州通过了《电子废弃物回收再利用法案》，规定从 2004 年 7 月 1 日起，顾客在购买新的电脑或电视机时，要缴纳每件 6～10 美元的电子生活垃圾回收处理费。

（2）政府措施

在产品生命周期始端收取城市生活垃圾处理费。2003 年 9 月，加州通过了《电子废料回收法》，对废旧电脑、电视以及其他音像设备的回收处理做了具体规定，费用也在消费者购买电器时就已经预收。2004 年 9 月，出台了对回收废旧手机的法律，并于 2006 年 7 月 1 日实施。该法律规定，手机零售商要免费收回消费者的废旧手机，统一处理，零售商必须向"加州城市固体废弃物统一管理委员会"报告自己的回收计划。

采取优惠政策促进城市生活垃圾减量。优惠政策包括：一是政府购置回收设备。例如，田纳什维尔市实施了一项城市生活垃圾再循环措施，向市内居民家庭分发 10 万辆带轮子的小推车，用于居民向市内各城市生活垃圾循环再利用回收中心运送可回收再利用的城市生活垃圾。二是采取减税政策。自 1991 年以来美国已经有 23 个州对循环利用和投资的税收进行抵免和扣除，对购买循环利用设备免征消费税。

政府部门对循环再利用产品优先采购或资金扶持。早在 1993 年，美国总统克林顿下令所有政府机构的办公用纸中再生纸比例必须占 20%，后又提高到 30%。2006 年，美国旧金山市颁布了一项政府采购法律，要求市县部门在做政府采购时要考虑到公共健康和环保的因素，并规定旧金山地区政府采购时要看商品是否可回收、是否对水或空气产生污染、是否释放有毒物质危害公共健康等。根据美国联邦环保局的相关资料，美国政府现在每年用于培育再生产品市场的政府投入高达 2000 亿美元。

7.1.2　城市生活垃圾分类分流

旧金山从 1989 年开始大力推行生活垃圾分类收集，将生活垃圾分为可回收生活垃圾和普通生活垃圾；洛杉矶 2000 年提出生活垃圾减半的目标，开始实行新生活垃圾分类方法，将原来的两类分为三类：可回收生活垃圾、植物生活垃圾和普通生活垃圾。纽约是生活垃圾分类做得最好的城市，这一制度始于 1986 年。在学校、机关等地方，生活垃圾桶分为蓝色和绿色。凡纸类生活垃圾都应放在蓝色桶中，而瓶子等则放在绿色桶里。秋季的落叶和冬季的圣诞树则会在特定时间由专人回收。厨房生活垃圾通过在厨房下水道入口装一个粉碎机，把厨房生活垃圾碾碎后排往下水道。城市生活垃圾和可回收生活垃圾桶中都不包括植物，比如树叶、花草等。美国居民小区每家都会有院子，割下来的草如果不想留在草地上，收集起来的就是“花园生活垃圾”。要扔掉这些生活垃圾，需要另外收钱。

2008 年，美国城市固体生活垃圾产量达 2.5 亿吨，如果用卡车运送这些生活垃圾，组成的车队足以绕地球 6 圈。但是，在清晰的生活垃圾管理战略的指导下，美国生活垃圾处理产业得到了快速的发展，目前已

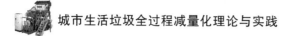

经形成了系统化的生活垃圾管理商业模式，足以应对日益增长的生活垃圾排放量。将食品生活垃圾、庭院生活垃圾和餐厨生活垃圾等按类别作为分流目标，直接进入适用的处理程序，既促进了不同成分生活垃圾的分类处理，也促进了资源的循环再生，生活垃圾处理已经形成了比较系统的模式。

7.1.3　生活垃圾收费

在美国，各州、各城市的生活垃圾收费体系和收费方法不完全相同，但生活垃圾收费大多是根据单位和居民排放的生活垃圾量来收取的。

对单位，其产生的生活垃圾直接通过计量重量（或体积）的方法收取。对不同性质的生活垃圾，收费是不同的，具体收费标准有详细的规定。

对居民，每个住户根据自己产生生活垃圾量的多少申请一个标准生活垃圾桶，生活垃圾桶的大小不同，收费也不同。生活垃圾费一般每 2 个月收缴 1 次，由市政管理部门或负责生活垃圾收运处理的公司把生活垃圾费账单邮寄给住户，住户根据账单上的数目缴纳生活垃圾费。

美国加州戴维斯市的生活垃圾处理费，由 City Service 与自来水费、雨水费、污水费和市政税等多项费用一起收取，之后再由其划拨给委托的生活垃圾收集、运输和处理公司。"City Service" 是专门从事城市管理的部门，相当于中国的"公用事业局"或"市政管委会"。

美国华盛顿州西雅图市的生活垃圾收费与加州戴维斯市不同，由废弃物管理公司直接收取，而不通过市政管理部门。当然，废弃物管理公司是经市政管理部门委托的生活垃圾处理公司，其收费标准也是由市政管理部门认可和批准的。生活垃圾排放量的核定是通过一个 32 加仑的标准生活垃圾桶。为减少生活垃圾的产生量，西雅图市规定，若住户的生活垃圾产生量超过核定的量，则每增加一桶生活垃圾，除收取规定的费用外，每桶还要加收 9 美元。实行这一规定后，西雅图市的生活垃圾量一下减少了 25%。在美国的居民小区里，一般情况下都没有开辟专门扔生活垃圾的地方。

小区或者个人与生活垃圾公司签订合同，每月付一笔费用，生活垃圾公司每周来一次把生活垃圾收走。有的小区，每周收一次城市生活垃圾，而在另一天收可回收生活垃圾，比如纸张、易拉罐、玻璃瓶、牛奶桶等。政府鼓励可回收生活垃圾分类，会发给专门的生活垃圾桶。而城市生活垃圾的生活垃圾桶则需要自己购买，或者按照与生活垃圾公司的合同由它们提供。这样服务每个月是 20 多美元，如果每周收两次城市生活垃圾就会贵一些。

7.1.4 不同类型生活垃圾处理方式

生活垃圾分为可再利用、不可再利用、大件废物 3 类，各有各的处理方法。

（1）不可再利用的生活垃圾

在居民小区中，这类生活垃圾每周四早上会有大型的清洁车来清理。花园生活垃圾，会被集中起来进行生物转化。利用微生物，把这些植物生活垃圾转化成有机肥料或者腐殖土，再卖出去。因为许多人会在院子里种花草或者种菜，这样的有机肥或者腐殖土有很大的市场需求。

（2）可再利用的生活垃圾

主要是玻璃、塑料、听装饮料罐等，这类生活垃圾在销售的时候每个包装都加了 5 美分的价格，如果随生活垃圾扔了，你就等于付了处理它的费用，一些超市有专门处理的地方，往机器里一放，机器会退钱。

（3）大型的废物

大型的废物，如旧家具、旧电器，这里的方法是每个月固定时间统一清理。在居民与生活垃圾处理公司的合同中也是要求回收处理。居民在购买新产品的时候，让商店处理。许多商店也把带走废旧产品当作购买新产品的优惠。

7.1.5　生活垃圾循环回收模式

（1）街头再循环生活垃圾箱

2008 年，美国设有 8660 个街头再循环项目，服务 1.45 亿人，近半数的美国人口被覆盖其中。

（2）社区投放中心

美国许多社区还设有生活垃圾投放中心，居民需自己将再循环生活垃圾投放到那里，包括油漆等需特殊处理的有害生活垃圾。

（3）回购中心

美国回收站、收购站不太普遍，各个废弃物处理公司设有专门的回收物收购点（回购中心）。回购中心与投放中心相似，只是店主需花钱收购再循环生活垃圾而已，如称重量收购汽车废铁等。

（4）押金退费制

美国最初以碳酸饮料和啤酒的玻璃瓶为对象收取押金，后来又增加了铝制易拉罐容器。美国为了促进饮料瓶、罐的再循环，制定了关于《饮料瓶再循环法案》，要求饮料公司保证饮料瓶、罐的回收率达到 80%。该法案规定，购买饮料的人要预付至少 10 美分的押金，当饮料瓶、罐用完时可返还押金。

7.1.6　生活垃圾末端处理

美国城市生活垃圾处理方法主要有回收、焚烧和填埋。随着经济的发展和国力的强大，卫生填埋场逐渐减少，焚烧发电增多。其中回收占 30%，焚烧占 14%，填埋占 56%，回收主要一部分是将电池、纸类、玻璃、塑料、金属等分类、收集、加工、生产、出售的过程，占回收率的 30%。回收的另一部分是对事物废弃物和庭院废弃物进行堆肥处理，占回收率的 7% 左右。

（1）焚烧处理

焚烧处理主要是在焚烧处理炉内进行，主要的炉型有具有废物干燥区的旋转窑焚烧炉——处理夹带着任何液体的大体积的固体废弃物；基本炉形的旋转窑焚烧炉用于固体、液体、气体分离处置；炉排炉用于发电、供热。

焚烧处理后的灰渣通过灰渣处理厂进行处理。灰渣经过一整套分选设备分选后，有钢制美元（1 美元以下的零钱）；金属罐制品、黑色金属；非金属制品，非金属可卖钱，灰渣作为筑路的材料。

生活垃圾综合处理厂——回收中心、堆肥场和填埋场向 3.7 万居民和300 家公司提供服务（每年处理生活垃圾 35 万立方米）。1985 年开始利用沼气发电，空地堆肥。填埋场沼气回收利用设施。建在城市生活垃圾堆上，运用液化气技术将所收集的气体经净化压缩后送往发电厂。

（2）堆肥

生活垃圾堆肥场特点，在高温处理前掺入城市污泥，作用是调剂水分，增加养分，在能贮存 180 吨生活垃圾的密封、恒温为 60 摄氏度的发酵桶里处理三天就可达到腐熟和消毒的目的。建有气体脱臭系统——一个占地约 5000 平方米的封闭厂房，地上铺满 2 米厚混合了药物的木屑，堆肥车间排除的臭气经过这些木屑组成的滤床处理后，就完全闻不到任何臭味。

木质生活垃圾发电厂——将木料转化为可燃性气体的流化床反应器，利用该技术处理城市生活垃圾时，可以避免普通生活垃圾焚烧技术所产生的大量二噁英等气体。流化床反应器工作原理：在以砂粒为载体的、处于缺氧状态下的气化炉里，木料与 1200 摄氏度石英砂混合后即被气化，得到一种综合燃气，经过净化后可送至锅炉燃烧或送至汽轮机发电。

（3）填埋

美国目前的生活垃圾处理方式中，填埋占了大部分，焚烧的比例较

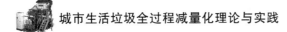

低，不到 20%，回收再利用的处理生活垃圾方式占 30% 以上。早在 1995 年，美国就开始停止新建生活垃圾焚烧厂，并把建成的厂逐步关掉。目前美国生活垃圾焚烧发电厂不足 90 座，而且大多是 15 年之前建的。

近些年，焚烧生活垃圾发电在美国没有发展，一个重要原因是焚烧处理成本过高，而美国土地广阔，填埋成本较低。随着填埋场技术标准的提高，新建生活垃圾填埋场逐步向大型化、高标准化方向发展。美国人对生活垃圾焚烧厂持不欢迎态度。

（4）新技术

美国也一直在研究垃圾处理新技术。大学在污水处理、土壤污染治理、环境保护规划、化学物质传递机理等方面做了大量研究，产生新的处理技术如厌氧发酵、高温灭菌液等，目前厌氧消化等新技术基本没有规模化应用。

7.1.7　美国城市生活垃圾减量化的实践成果

美国不仅在立法上给予城市生活垃圾回收以强有力的支撑，还在技术、设备、管理等方面运用了许多新理念和新技术，效果明显。1960 年，美国城市生活垃圾回收再利用率和回收再利用量分别为 6.4%、561 万吨，1990 年为 16.2%、3324 万吨，2000 年为 29.4%、6888 万吨，2016 年为 37.6%、10274 万吨。这些数据表明，在此期间，美国城市生活垃圾回收再利用率和回收再利用量大幅度提高，它既反映了美国城市生活垃圾治理策略由被动治理到主动预防与综合治理相结合的变迁，也表明回收、开发和循环利用再生城市生活垃圾资源，已成为美国城市生活垃圾处理的主导方向。

美国城市生活垃圾通过源消减后，回收利用或堆肥占 37.6%，剩余的城市生活垃圾主要以填埋、焚烧两种方式处理。目前在美国的不同地区，生活垃圾处理方式的比例各不相同。例如，新英格兰地区的填埋占 36%，回收占 33%，焚烧占 31%。美国西部的填埋占 58%，回收占 39%，焚烧占 3%。

7.2　德国城市生活垃圾全过程减量化实践

7.2.1　政府立法与措施

（1）政府立法

德国《废物处理法》：1972 年颁布实施，关闭无人管理的生活垃圾，代之以集中的地方政府加以严密监管的生产垃圾场。

德国《废物避免产生和废物管理法》：从 1972 年开始实施，要求对生活垃圾进行环保有效的处理。德国将生活垃圾管理的理念确立为"避免—利用—处置"。首先避免生活垃圾的产生，对已经产生的生活垃圾首先考虑的应该是利用它，对于最后无法避免、依然存在的生活垃圾，再进行处置。

德国《废物防止与管理法》：1986 年颁布实施，确立了废物预防和再利用优于废物处理的原则。首次规定了石油企业向消费者回收废油，并以环境友好的方式处理废油的义务。这是著名的"延伸生产者责任"（EPR）的雏形。

德国《包装废物条例法》：1991 年颁布实施，首次对废弃包装的回收、重新利用及利用比率作了相关规定。依据该法规，德国成立了"二元体系公司"（DSD），即"绿点公司"，负责收集处理所有印有"绿点"标志的废弃包装物。该公司本身并不进行生活垃圾处理，而是与包装生活垃圾分拣处理公司签订合同，由它们进行处理。

德国《循环经济和生活垃圾管理法》：1996 年颁布实施，遵从循环经济资源保护和环境协调的废物处理理念，设定废物管理严格的先后顺序"避免产生—再利用—处置（Avoid-Recover-disposal）"。这项法律促进了生活垃圾的循环利用。实施 20 年来，德国在生活垃圾回收利用方面进展明显。

除了上述法律外，德国还制定了其他各类废物处理条例，如《商业废物条例》《报废汽车条例》《污水污泥条例》《废木材条例》《电池条例》《废电子、电器设备法》《居住区废物存储和生物废物处理设施条例》《生活垃圾填埋条例》等，共同形成德国废物（包括生活垃圾）管

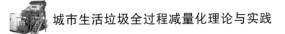

理法律制度的完整框架。

（2）政府措施

德国在城市生活垃圾处理过程中，除了立法方面，在管理、设施建设、运营、技术研究与应用方面居于世界先进水平。

德国一直依据20世纪90年代先后出台的《循环经济与废弃物管理法》以及《信息产业废旧设备处理办法》对废旧家电进行积极的回收利用。其国家环保政策推行的原则是"谁污染谁治理"，规定谁生产了产品并销售到市场，谁就要对这一产品从生产直到使用结束全过程负责。

为达到全社会共同治理的目的，生产者责任制度要求生产者和消费者有收集、再利用和处置废弃物的责任，生产者和消费者需要按照法律规定，承担废旧电子产品的收集、再利用和处置废弃物的责任，生产者和消费者需要按照法律规定，承担废旧电子产品的收集、分类和处置工作或费用。

德国还根据欧盟指令制定本国的废旧家电回收利用法，详细地明确了制造商对其设计、制造和销售的家用电器和电子产品进行收集，再使用和处置等义务，即从电器的原材料选择和产品设计开始，就为将来的使用和废弃考虑，形成资源—产品—再生资源的良性循环，从根本上解决环境与发展的长期矛盾。

德国政府还通过产业政策在生活垃圾处理过程中引入市场行为，使德国城市生活垃圾回收走上了市场化、产业化道路。德国的绿点公司（GreenDot），代替商品制造商和销售商实施产品包装废弃物的回收及再利用，其专业化的服务水平，严格的服务流程，使其在德国城市生活垃圾回收领域，具有举足轻重的地位。

德国各类高校都开设生活垃圾管理专业，专门为从事生活垃圾高效回收及利用，培养专业人才。

7.2.2 生活垃圾分类

德国人的日常生活中生活垃圾大致可以分为六类：生物生活垃圾（Bioabfall oder Biomüller）、废纸（Altpapier）、包装袋（Gelber Sack）、有毒废物（Giftmobil）、废旧玻璃（Glas）和其他生活垃圾（Restabfall）。

三种生活垃圾桶的桶盖的颜色是不一样的，用来区分这三种不同的生活垃圾。蓝色的是废纸生活垃圾桶，棕色的是生物生活垃圾桶，黑色的是剩余生活垃圾桶。除此之外，在每个生活垃圾桶的桶身上也贴着生活垃圾桶的名称。

德国人在超市购买蔬果时，会在现场就把菜头菜尾给掐掉、处理好之后才放进自己带去的环保袋里拿回家。也会尽量把生活垃圾分开处置。瓶子用一个专门的袋子放起来，每次去超市的时候，直接利用自动回收机退还押金；报纸、包装纸都叠整齐，放在另外买的蓝色生活垃圾桶里，各种塑料和软包装则放在黄色生活垃圾桶里，这两类生活垃圾只要按要求扔进小区相应颜色的生活垃圾回收桶，也不需占用收费生活垃圾桶的空间；旧家电、手机、大家具，甚至废旧轮胎、木板等杂物，则分门别类保存在车库里，积攒到一定体积，再整车运到市郊的生活垃圾回收站，分门别类地倾倒。

德国的生活垃圾都是分门别类地投放在庭院门口的各种颜色的生活垃圾桶内，由专业人员定期来收运。在巴伐利亚州生活垃圾分为三种颜色，黄色、黑色和绿色。在汉堡生活垃圾分得更细，分为四类，即在这三种的基础上添加了一个棕色生活垃圾桶，用来放自然生活垃圾。德国除法兰克福外，各城市均设有专门放玻璃瓶的生活垃圾桶。更加细化的分类既有利于降低生活垃圾处置难度，也有利于提高生活垃圾中的资源回收利用率。

7.2.3　生活垃圾收费

从 20 世纪 90 年代起，德国城市普遍实施生活垃圾收费政策，对城市居民征收生活垃圾处理费。生活垃圾收费方法因城市不同而各不相同，主要有以下三种收费方法。

（1）采用按生活垃圾容器收费制

这是德国运用最为广泛的收费方法。如一些城市以 90 升的生活垃圾桶为准，每年收费额在 360 马克左右；柏林市按容器收费，采用 60～120

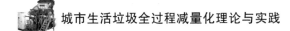

升不等的 7 种生活垃圾箱，每月每户收费 32 马克；杜塞尔多夫市的收费方法是每户每年交基本费（120 升生活垃圾桶）113 马克，每人每年交生活垃圾费 84.3 马克，四口之家一年的生活垃圾费平均为 450 马克。

（2）从量收费制

即按生活垃圾排放量的多少收费，这也是未来发展的一种趋势。为准确测算居民排出生活垃圾的数量，还采用了先进的技术，在每个生活垃圾桶（箱）上安装微晶片，将生活垃圾桶倒入生活垃圾车时，车上的识别器会自动识别桶上的微晶片，测算出生活垃圾的重量，并将数据传送到驾驶室的电脑上，以此作为收费的凭证。德国几十个城市的数十万个生活垃圾桶已安装了这种微晶片。

（3）基数与计量收费相结合

如弗莱堡市，首先按照家庭人口基数缴纳基本金，再在基本金的基础上，按灰色生活垃圾箱的容积和收集频率缴纳计量城市生活垃圾费。

除收费以外，德国城市还对那些使用了对环境有害的材料或消耗不可再生资源的产品征收生态税，如提高化石燃料的消费税和提高汽油、燃料油、煤气、电等的生态税。通过采用生态税的方式，使生产商积极开展节能、降耗运动，生产和开发对环境友好的产品，促进非化石燃料的开发利用，如生活垃圾焚烧发电、填埋沼气利用、太阳能利用及风力发电等。

在收费中通常制定生活垃圾收费表，这个价格每年都会根据当地的消费水平、前一年全市生活垃圾处理成本费用而相应波动。在波兹坦市，从 2005 年到 2015 年，"基本费"最高的时候是 2005 年的人均 26.26 欧元，最低的时候是 2009 年的人均 13.74 欧元；而"容量费"的总体原则是桶越大越贵，以 2011 年为例，最贵的 1100 升生活垃圾桶（注：每周收取一次）年费是 22.95 欧元，最便宜的 60 升生活垃圾桶年费是 1.25 欧元。

经过精密的测算，德国各城的生活垃圾处理普遍自收自支，也就是说，政府不提供补贴，由市民通过缴纳生活垃圾费、而非税收财政拨款的方式来养活全市生活垃圾处理系统。

7.2.4　生活垃圾循环回收模式

（1）有机生活垃圾、包装等生活垃圾的回收

黄色桶是装塑料等轻型的包装生活垃圾，如塑料袋、塑料盒等轻型包装。所谓轻型包装是指上面有绿色点标识的包装（此标志多存在于用完一次即可丢弃的包装，也是可以再次被回收利用的）。负责回收生活垃圾的工作人员每个月来收一次黄色桶内的生活垃圾。

黑色桶放的是有机生活垃圾。日常生活所制造的生活垃圾大部分都是有机生活垃圾，如食物残渣和菜叶等。如自家有花园，可以将这些有机生活垃圾当作肥料而自行掩埋；若是没有花园的住户，就必须把有机生活垃圾丢到定点的有机生活垃圾桶内。居民可以自行决定是否在自家放置有机生活垃圾桶，清运费用视桶的容量而有所不同。有机生活垃圾每隔两周清运一次。在夏天，城市政府也考虑到这种生活垃圾容易腐烂发酵的特性，所以自 6 月开始到 11 月中旬每周清运一次。

绿色桶是回收纸类生活垃圾的，如报纸、纸箱等，一个月回收一次。

（2）旧玻璃瓶的回收

德国人的生活与玻璃瓶的关系相当密切，大量的玻璃瓶的回收主要通过两种系统来实现。一是押金系统。一些食品与饮料，在其盛装的玻璃瓶或塑胶瓶上会印上特殊的标志，表示在买这瓶饮料或食品时，已经预付了押金，如将旧瓶退回即可拿到之前预付的押金，这样的食品与同等级的商品相比较，价格比较便宜。一般都可以在出售相同商品的超市退回押金。二是定点回收。消费者在购买时不需预付押瓶费。在德国的许多学校及机关内都设有饮料的自动贩卖机，在这种机器的附近或者一些固定地点，如学生餐厅等，设有回收玻璃瓶的箱子，在喝完饮料之后，只要将瓶子放回即可。厂商回收清洗之后再重新装填饮料，达到多次使用的目的。另外在一些城市还可以看到三个成套、造型各异的旧玻璃回

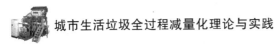

收桶，分别回收透明、褐色以及绿色的玻璃瓶、罐。除此之外其他颜色的玻璃瓶，都由收绿色玻璃的桶来回收。

（3）家具及特殊生活垃圾的回收

对于大型家庭生活垃圾如冰箱、沙发、床垫等，可送到生活垃圾回收场，不收取费用。德国每年有专门处理大型旧家具的日子。主人会事先将不用的家具生活垃圾准备妥当，到了那一天，将其在规定的时间内摆在屋外。有心想利用这些旧家具的人便在这时到处物色，将中意的东西搬回家，被拣剩的家具，最后由大生活垃圾车搬走。

对于有可能污染环境的生活垃圾，德国特别规定：凡可能污染环境的物品，用毕或过期后必须交回商店，或丢弃于特别设置的生活垃圾箱，以集中特别处理，不可随意丢弃。

除了公众的自觉性外，必要的外界监督和处罚也必不可少。德国有一类专门检查生活垃圾分类执行情况的工作人员，被称为"环境警察"。他们会偶尔登门拜访，抽查居民是否把生活垃圾放到指定的桶里。如果发现居民分类不当，他们会及时指出，严重的还会开出罚单。

（4）电子生活垃圾的回收

德国政府 2005 年 8 月通过了《电子和电器法》。该法规定"谁生产，谁回收，否则处以罚款"。家庭的老旧电器应集中回收，废旧电器的生产商或进口商负有回收义务。该法还规定，旧电池和旧电器必须分开处理。洗衣机、电冰箱、电视机、电脑都要进行循环再利用。家用小电器如电熨斗、吸尘器、烤面包机以及电动牙刷等同样纳入循环再利用范畴。

此外，像手机、电脑键盘、MP3 播放器等小家电必须扔到每个居民楼前的橘黄色专门生活垃圾桶里。生产商要在这些产品表面标注一个明显图案，以示不能扔入城市生活垃圾箱。德国重视环境保护和生活垃圾分类处理，2012 年 6 月德国《循环经济法》生效，将德国生活垃圾处理法与欧盟相关法律相衔接，更有力地强化了环境保护的可持续性和原材料资源利用的有效性。

7.2.5　生活垃圾末端处理

德国已实现社区里的生活垃圾"零填埋"。2005 年关闭所有生活垃圾填埋场，对于实在无法回收的生活垃圾，采取焚烧方式，焚烧成为德国生活垃圾处理的"支柱"。

1990 年德国约有 8273 座城市生活垃圾填埋场，到 2004 年只剩约 272 座，城市生活垃圾直接填埋年处理量也由 1990 年的 44.1 万吨下降到 2003 年的 9.7 万吨。

德国分类收集的可生物降解有机生活垃圾处理（堆肥处理和厌氧消化处理）发展迅速，2016 年有各类可生物降解有机生活垃圾处理场 1200 多座，年处理量达到 1000 万吨。其生活垃圾焚烧量也在稳步增长，目前，德国已有 68 座生活垃圾焚烧厂，每年可焚烧包括工厂、办公室产生的城市生活垃圾近 1800 万吨。

德国每年产生生活垃圾 6000 多万吨，其中 3500 万吨被回收利用，1100 万吨被焚烧，另外 1500 万吨填埋。

7.2.6　德国城市生活垃圾减量化的实践效果

德国的生活垃圾回收处理水平居世界前列，经济和社会效益明显。据统计，德国建筑生活垃圾回收再利用率达 86%，包装生活垃圾为 81%，电池再利用率为 77%，废纸回收利用率为 82%。生活垃圾处理行业每年收益约为 500 亿欧元（约合 4000 亿元人民币），解决就业岗位 24 万个，该行业已成为德国重要的经济和就业领域。

德国环境部（BMU）在一份报告中指出，"尽管 1985 年以来，至 2015 年，城市生活垃圾焚烧规模增加 2 倍，但由于执行了严格的排放标准，城市生活垃圾焚烧已不再是大气中二噁英、重金属和烟尘等污染物的显著排放源。"

德国 BimSchV 是世界范围内最严格的生活垃圾焚烧设施排放技术标准，特别是针对二噁英、呋喃和重金属。在规定的过渡时间内，德国将所有的现有设施都进行了技术改造，无法改造的设施停止运行。德国海德堡能源与环境研究所对德国境内过半的生活垃圾焚烧设施的真实排放量进行了调查，2015 年调查数据显示实际排放量数值在每立方米 0.001 到 0.01 纳克 TEQ 之间，只是规定值的 1% ~ 10%。

7.3 日本城市生活垃圾全过程减量化实践

7.3.1 政府法律和措施

（1）政府法律

日本建有完整的法律体系，这些法律既有各自的针对性，又相互关联、相互制约。20 世纪 70 年代日本就通过了《关于废弃物处理及清扫的法律》，1986 年颁布了《空气污染控制法》，对焚烧城市生活垃圾的设施做出具体规定。到了 90 年代，日本提出了"环境立国"口号，为了实现"零排放"的"循环型社会"的理想，集中制定了一系列法律法规。

这些法律可以分为 3 个层次：

第 1 层次为基本法，即《建立循环型社会基本法》；

第 2 层次是综合性法律，有《废弃物管理和公共清洁法》和《促进资源有效利用法》；

第 3 层是针对各种产品的性质制定的专项法律法规，如《容器和包装物回收利用法》《家用电器回收再利用法》《食品回收再利用法》《建筑及材料回收法》《车辆再生利用法》《绿色采购法》等。这些法律覆盖面广，操作性强，责任明确，对不同行业的废弃物处理和资源循环利用等做了具体规定，并相继付诸实施。

日本的《家电回收再利用法》规定：电视机、洗衣机、空调和冰箱这四类产品的生产厂家有回收利用废弃电器的义务，必须在专门的回收工厂妥善分解废旧家电，把能够回收利用的材料以一定形式加工后运往家电生产工厂；电器销售商负责回收废旧家电并送到厂家；消费者在废弃这四种产品时，应负担法定的回收利用费用和商店从消费者住处到指定回收地点的回收和运输费用。这部法律还规定，上述四类产品的再生利用率依次要超过 55%、50%、60%、50%。

日本《资源有效利用促进法》有厂家有义务回收、利用旧电脑的内容，所以这部法俗称《电脑循环利用法》。这部法律将电脑主机、显示器、笔记本电脑和一体机都列入循环利用对象，并规定销售新机器时应事先将回收费用也计入售价。

（2）政府措施

从日本的城市生活垃圾处理经验来看，其主要措施如下：

重视对公众环保意识的培养，提升民众参与城市生活垃圾治理的积极性。对国民的环境保护教育从小做起，并伴随着一个人一生的成长过程。日本的环保教育内容多、范围广，例如，与生活垃圾处理、废弃物的管理有关的法规，并注重实效。在法律的约束下，在教育的引导下，日本国民自觉从源头上减少生活垃圾产生量。例如，日本东京自 20 世纪 90 年代以来，在人口不断增加的情况下，产生的城市生活垃圾却逐年减少。日本居民在生活垃圾处理过程中，自觉实施生活垃圾分类，并将分类好的生活垃圾主动运送到指定生活垃圾投放点。如果日本居民错投生活垃圾，或者随意丢放生活垃圾，将会受到法律的制裁。

加强以资源循环利用为核心的法律体系建设，为城市生活垃圾的循环利用，提供有效法律保障。注重生活垃圾的分类回收，日本有迄今为止最为细致和标准的生活垃圾分类，并通过建立分类回收制度，完善法律法规及建立分类回收设施等途径，实施生活垃圾分类回收。

每个家庭都有一本关于生活垃圾分类的小册子，生活垃圾怎样分类和生活垃圾回收时间都有详细的说明。在每个城市一周的每一天扔生活垃圾的种类都不同，居民做好生活垃圾分类后，还要把生活垃圾送到指定的生活垃圾投放地点，回收的生活垃圾中大多数都可回收再循环，既可以大量减少送往生活垃圾处理厂的生活垃圾量，增大资源的可再生循环利用，又可以大幅度降低生活垃圾分类处理的成本，提高了可再循环资源的回收率。在法律上，日本对非法丢弃生活垃圾者将按法律规定予以拘留或罚款的惩罚。因此，居民现在都已经形成了良好的生活垃圾分类、定时定点投放的习惯，生活垃圾处理也变成了良好的产业。

7.3.2　生活垃圾分类

日本的生活垃圾分类非常细，除了一般的城市生活垃圾分为可燃和

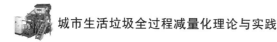
不可燃生活垃圾外,资源性生活垃圾还具体分为干净的塑料、纸张、旧报纸杂志、旧衣服、塑料饮料瓶、听装饮料瓶、玻璃饮料瓶,等等。

(1) 一般生活垃圾

包括厨余类、纸屑类、草木类、包装袋类、皮革制品类、容器类、玻璃类、餐具类、非资源性瓶类、橡胶类、塑料类、棉质白色衬衫以外的衣服毛线类。

(2) 可燃性资源生活垃圾

包括报纸(含传单、广告纸)、纸箱、纸盒、杂志(含书本、小册子)、旧布料(含毛毯、棉质白色衬衫、棉质床单)、装牛奶饮料的纸盒子。

(3) 不可燃性资源生活垃圾

包括饮料瓶(铝罐、铁罐)、茶色瓶、无色透明瓶、可以直接再利用的瓶类。

(4) 可破碎处理的大件生活垃圾

包括小家电类(电视机、空调机、冰箱/柜、洗衣机)、金属类、家具类、自行车、陶瓷器类、不规则形状的罐类、被褥、草席、长链状物(软管、绳索、铁丝、电线等)。日本从 1980 年就开始实行生活垃圾分类回收,如今已经成为世界上生活垃圾分类回收做得最好的国家。目前,日本每年人均生活垃圾生产量只有 410 千克,为世界最低。

除此之外,更换电视、冰箱和洗衣机还必须和专门的电器店或者收购商联系,并要支付一定的处理费用。大件的生活垃圾一年只能扔四件,超过的话要付钱。

7.3.3 生活垃圾收费

1998—2005 年,东京都多摩地区 25 个市中有 16 个市实施了城市生活垃圾收费政策。因为日野市收费标准在生活垃圾减量上的效果显著,使得"日野模式"为日本其他地区城市所效仿,联合国教科文组织日本支部还把该市作为示范城市推荐给世界。

（1）生活垃圾收费情况

2006年后至今实施的是基本上采用了与日野市类似的收费标准。目前日本收费制度实施情况如下：

——在全部3236个市町村中，已实施家庭生活垃圾收费者有1134个（35%），其中全部收费者（即除去量多才收费这一项）有941个市町村。

——在1134个市町村中，实施从量制者占56.1%，定额制者为24.7%，量多收费制者占17%。

——在市町村三个自制体层次里，663市中有29%实施生活垃圾收费制，1992个町中有39.6%实施，581个村中有26.2%实行，可见町（镇）的层次实行生活垃圾收费制有较高的比率。

——市的层次，以实施量多收费制（63%）最多，其次是从量制（25%，47市）。町及村的层次，以从量制最多（62.2%及64.2%），接着为定额制（30%），量多收费制最少（8%）。

——实施生活垃圾收费制度，每一家庭平均负担307~580日元（每月收费制）及1950~2300日元（一年收费制）。

（2）生活垃圾收费个案介绍

北海道伊达市，人口3.5万人。从1989年开始实施收费制，可燃及不可燃生活垃圾分别要装在指定生活垃圾袋（40公升容量）或贴上生活垃圾票（一张60日元）才能丢出。实施前（1988年）生活垃圾量为13316吨，1990年实施第一年时为10167吨，减少了23.6%的生活垃圾，1991年为8393吨（相对1988年减量37%），1992年为8792吨（相对1988年减量34%）。实施之际政府担心非法丢弃可能会增加，后来证实此顾虑多余。但发生另外一种情况——家庭用焚化炉增加，发生不少灰烬及烟害等申诉案件。

滋贺县守山市，人口约6万人。1982年开始实施收费制，可燃生活垃圾必须用指定生活垃圾袋并写上姓名后才能丢出，超过一定量后负担加重。即可燃生活垃圾指定袋每年可买110袋（大袋20日元，小袋17日元），第111袋开始每一生活垃圾袋为150日元。不可燃生活垃圾每年免

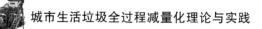

费发给每户 56 袋，第 57 袋开始每一个 150 日元。实施前的 1981 年每人平均每日生活垃圾量为 896 克，1982 年实施时为 803 克（减量为 10.4%），1984 年为 441 克（减量 50.8%），1991 年的数据显示为 458 克（全国平均为 1.12 千克）。1992 年由于人口增加 1.2 万人（总人口的四分之一），每人每日平均生活垃圾量提高为 717 克，实施前期的指定生活垃圾袋记名率也由 100% 降至 60%。

岛根县出云市。从 1992 年开始实施，可燃生活垃圾需使用记名之指定袋，每年每户免费分送 100 个，超过者每袋 40 日元。如果所分送的 100 个袋子未用完，则可以 40 日元一个卖回给市政府。实施前（1991 年）的生活垃圾量为 8646 吨，来年实施后减为 6272 吨（减量 27%）。

岐阜县高山市。从 1992 年开始实施，每年 3 月及 9 月各免费发给每户 70 张（一年共 140 张）的黄色生活垃圾票；不够者再买红色生活垃圾票，每张 70 日元；巨大生活垃圾票每张 350 日元；黄色生活垃圾票有剩余时每张可以折换 10 日元的图书券，或可捐给母姐会或其他的团体（一张可折价 12 日元）。实施一年以来，该市的家庭生活垃圾量比前年减少 20%（4500 吨）。实施一年共免费分送黄色生活垃圾票 300 万张，其中 40 万张未曾使用。再卖出红色生活垃圾票 24 万张以及巨大生活垃圾票 7 千张，合计收入 2000 万日元，其中折价成图书券及捐赠共有 1200 万日元，回馈到市民身上。

7.3.4 生活垃圾的收集和转运模式

日本政府对城市生活垃圾有严格的分类要求，由于各地的生活垃圾处置方式不同，日本不同城市的生活垃圾分类略有差别，但总体上大同小异，通常将城市生活垃圾分成四类：可燃生活垃圾、不可燃生活垃圾、资源生活垃圾和大件生活垃圾。

在东京，可燃生活垃圾包括厨房生活垃圾、废纸、木片等，不可燃生活垃圾包括玻璃、陶瓷器、金属类等，资源生活垃圾包括瓶、罐、塑料制品、报纸等。这些生活垃圾要放入规定的生活垃圾袋里，在规定的生活垃圾收集日丢弃到指定地点，未放入指定生活垃圾袋的生活垃圾不会被回收。丢弃家具及自行车等大型生活垃圾时需提出申请，并有偿回收，回收费用因不同地区有所差异。空调、电视、电冰箱、洗衣机四类家电不作为大型生活垃圾回收，在购买新产品时由商家收回旧的电器。电脑废弃时，还需要向该电脑的生产厂家提出回收申请。

生活垃圾的收集和转运由各区负责，各个区会根据各区产生生活垃圾的种类以及生活垃圾产量的季节性变化制定详细的收集计划，对生活垃圾收集点的设计及手机频次进行合理的调整。在东京 23 区的范围内，居民生活产生的生活垃圾处置不需要单独支付处置费用，每年还能免费处置一次大件生活垃圾，其余的大件生活垃圾处置和商业活动产生的生活垃圾处置需要支付一定的费用。

可燃生活垃圾被收集后会直接送至生活垃圾焚烧厂进行焚烧。不可燃生活垃圾收集后会被送到生活垃圾中间处置中心进行中间处置，经过破碎和分选两道工序后，可减少不可燃生活垃圾的体积，并对其中的可再生利用的物质进行回收，如含铁金属和铝制品等。大件生活垃圾如家具和自行车等，在中间处置工厂破碎后将其中有用的金属进行回收，破碎后的生活垃圾将分成可燃和不可燃成分，不可燃的生活垃圾将进行最终填埋，而可燃生活垃圾将进行焚烧处置。

在日本，每一种生活垃圾都有严格的投放时间。厨余生活垃圾每天投放最早，其余的生活垃圾也规定了每周固定的投放时间：一般生活垃圾每周两次，其他生活垃圾每月两次。

生活垃圾中转运输站等机构每年年初都会给责任区内每一个家庭发放生活垃圾挂历，每天收运什么生活垃圾，在挂历上都有说明，一目了然，居民每天只管按图行事，就可轻松地做到科学分类回收利用。每一类生活垃圾的"终点"都有清晰的路径——可燃生活垃圾直接送往生活垃圾焚烧厂，烧完残渣被运到生活垃圾填埋厂填埋；不可燃的生活垃圾经中转站被送往不可燃生活垃圾处理厂，经拆解利用制成再生品，剩余物被送往填埋场；粗大生活垃圾先经专门的破碎处理，可利用成分回收，可燃部分送往焚烧场，剩余部分送往填埋场；资源类生活垃圾则送往再生设施进行加工利用，生产出再生品；危险类生活垃圾被送往危险类专门处理机构。

7.3.5　末端处理环节

日本处理生活垃圾的主要方式是焚烧，也是世界上焚烧厂最多的国家。最多时日本曾有6000多座大小不一的生活垃圾焚烧厂，数量一度占到全球的70%。焚烧技术起源于西欧和美国，却首先在日本大规模采用，这和日本的国情分不开。日本国土面积小，仅相当于我国云南省那么大，而人口却有1.2亿多，能用来填埋生活垃圾的土地很少，所以只能优先选择焚烧。日本现有生活垃圾焚烧炉3000余台。

（1）焚烧资源化

日本生活垃圾在焚烧之前都做了高度分类。一般来说，进入焚烧厂的生活垃圾，基本上是可燃生活垃圾中热值高的，这样可以减少有毒气体的产生量。以日本函馆市的生活垃圾处理系统为例，在函馆市，可燃生活垃圾被送到日乃出清洁工厂进行焚烧；而不可燃生活垃圾与不可再利用的大型生活垃圾，被送到七五郎泽填埋处理场进行填埋；可以再利用的大型生活垃圾与瓶瓶罐罐（玻璃瓶、塑料瓶、罐）等送到再生利用中心；塑料容器、包装等送到函馆市塑料处理中心。由于自然资源紧张，日本非常重视资源回收再利用研究，在政府的推动下各科研机构研发环保再生技术，生活垃圾这座潜在的资源宝库已得到充分的开发利用。

飞灰再利用。对于在焚烧过程中产生的飞灰，焚烧厂采用熔融方法进行处置，通常是将这些飞灰加热至1200摄氏度，并迅速冷却。这个过程可以降解飞灰中的二噁英，将重金属固定在飞灰中，并使熔融后的体积减小50%。熔融处置后的飞灰由于具有与沙土相似的特性，能够作为建筑材料被广泛地应用于市政及建筑行业，如人行道、回填、地基改良等。

余热再利用。生活垃圾焚烧厂的焚烧产生的热能可以用于发电或对外提供热能，如用来供暖、供温水、对下水道污泥消化槽进行加温等。日本已有生活垃圾焚烧发电厂131处，发电容量已逾2000MW。

对于在生活垃圾焚烧过程中产生的二次污染物，日本焚烧厂采用了多种措施减少生活垃圾焚烧对环境产生的影响。对于焚烧飞灰采用布袋除尘器进行收集；通过焚烧过程控制二噁英的产生，同时迅速冷却烟气，阻止二噁英类物质的生成；布袋除尘器中的活性炭还能吸附烟气中的汞；对于焚烧过程中产生的渗沥液将通过渗沥液处理厂处理达标后排放；对于生活垃圾仓产生的臭气，通过风道进入焚烧炉焚烧处置。

（2）填埋工艺流程

以东京 23 区为例，最终填埋厂由东京政府负责建设和管理，具体的运行由东京政府委托 23 区清扫事业一部完成。最终填埋的主要是城市生活垃圾中间处置的剩余物，包括可燃生活垃圾焚烧后的剩余物、不可燃生活垃圾及大件生活垃圾破碎后不可燃的部分。除此之外，填埋场还填埋少量中小型公司产生的工业废弃物和市政工程废弃物在生活垃圾减量化和资源化后，不可燃的生活垃圾和多数食品生活垃圾一般直接做填埋处理。在日本每一个生活垃圾填埋场的选址上都要充分论证后再做出决定，并充分考虑到了次生污染问题。采用"三明治"式填埋施工，即在每 3 米生活垃圾上盖上一层 50 厘米厚的覆土。生活垃圾场的渗滤液要通过各种沉淀法、活性炭吸附法进行处理，然后再输送到水处理中心进行处理。

7.4 中国台湾城市生活垃圾全过程减量化实践

台湾将废弃物生活垃圾分为一般废弃物和事业废弃物，其中一般废弃物分为巨大生活垃圾、资源生活垃圾、有害生活垃圾、厨余生活垃圾、一般生活垃圾五类。为了落实执行好生活垃圾分类，台湾建立健全了管理机构和一套完整的法律法规体系，各级环保局具体负责废弃物的回收、清除处理，颁发了《废弃物清理法》《废弃物清理法实施细则》等系列相关法规，使生活垃圾分类有法可依，有据可查。

7.4.1 "生活垃圾不落地原则"的具体细则

在 1996 年，台北推行"生活垃圾不落地"政策，取消原先固定放置在小区门口的生活垃圾桶，改由生活垃圾车定时收生活垃圾，每周 5 天收生活垃圾，不同区域规定了不同的收运时间。"生活垃圾不落地"，就是居民将产生的生活垃圾直接投放进收集运输车里，运输车将收集起来的生活垃圾直接送去处理，改变了过去那种生活垃圾放置在街道两侧，收运者再把这些"落地"生活垃圾装进车里的工序。在源头上控制了生活垃圾的产生。实现"生活垃圾不落地"关键有两个步骤：分类和运输。

（1）分类

主要是居民将产生的生活垃圾在投放之前就要在家中进行粗分类，分成"一般生活垃圾""回收生活垃圾""厨余生活垃圾"即可。将分类好的生活垃圾按类别装进袋子，待专业收集运输车到来时，分类直接投放到车里。

（2）运输

就是专业收集运输队伍，在规定的时间进行定点收集。居民将分类好的一般生活垃圾投放到生活垃圾收运车内，厨余生活垃圾投放到红色或蓝色塑料桶中，资源生活垃圾分类投放至资源回收车的回收袋中。对于居民送来投放的生活垃圾，如发现未分类的，拒收或罚款。

7.4.2　随袋征收生活垃圾处理费

2000年台北又新推出生活垃圾处理费随生活垃圾袋征收的新政。未使用"专用生活垃圾袋"者，可处1200～4500元新台币罚款，资源回收物、厨余生活垃圾可免费清运。

收费方式主要是随袋征收，对于居民产生的城市生活垃圾中的"一般生活垃圾"采取购买专用生活垃圾袋方式收费，对于"回收生活垃圾"和"厨余生活垃圾"则不收费。费用计入生活垃圾收集专用袋中，当居民购买这种专用袋时，就支付了生活垃圾费。生活垃圾收费专用塑料袋按容积大小共分为6个规格，其中最小的容积为5公升，2.5元新台币；最大的容积92公升，46元新台币。各种规格的专用生活垃圾塑料袋都印有标识，有防伪标识，以防假冒。在台北市大部分便利店，超市及有专用生活垃圾袋销售标示的商店均备有专用生活垃圾袋，居民购买很方便。

这样收费的方式，一方面可以使居民控制日常城市生活垃圾的排放量；另一方面也促进居民对生活垃圾进行分类，为了鼓励分类，规定收费专用塑料袋只装"一般生活垃圾"类，而"回收生活垃圾类"和"厨余生活垃圾"类可以用非收费专用塑料袋。台北环保局与超商、卖场结合，推出"环保购物袋"，并与非限用生活垃圾袋的业者合作，以减少塑胶袋的使用。为了加强对此行为的控制，还规定应使用专用袋而未使用的，每次罚款 1200~6000 元新台币；对使用伪造生活垃圾袋的，罚款 3万~10 万元新台币。同时，为了鼓励举报违规者，以罚款的两成作为奖金，奖励举报者。台北实行生活垃圾收费以来，推进生活垃圾分类和生活垃圾源头减量，取得显著效果。据统计，10 年来，由实行收费前的每人每日平均产生城市生活垃圾 1.12 千克，到 2010 年已减至 0.39 千克，减少量达 65%。由于生活垃圾产生量的减少，从 2005 年 5 月起，由每天收运改为了每周 5 天收运。

7.4.3　生活垃圾零掩埋、资源全回收

台北市在 2010 年推出了"生活垃圾零掩埋、资源全回收"政策，内容包括生活垃圾焚化厂飞灰再利用计划、生活垃圾焚化厂低渣再利用处理计划、山猪窟掩埋场延长使用计划、家户厨余分离清运回收再利用处理计划。

台湾对于可回收生活垃圾——塑料瓶子、玻璃瓶罐、纸质饮料盒子、铝铁和泡沫塑料、家电电器、纸类、衣物等进行了较好地处理，主要体现在资源回收站中，在这里对生活垃圾进行了较细化的再分类。在台北市中山八德环保教育站咨询中心有一个五六百平方米的环保咨询中心，在里面堆放着足有二三辆卡车的可回收生活垃圾，有志愿者对这些生活垃圾分类整理，实现细的再分类，为这些资源循环再利用各归其道打下了良好的基础。

厨余生活垃圾被分为养猪和堆肥两类分别装入红、蓝两色塑料桶，废泔水油则密封在铁桶中，完全没有异味。其中，猪可用的厨余会公开标售给合格养猪户，堆肥厨余则经专业处理后，委托厂商制成肥料，部分由焚化厂制成土壤改良剂。此外，台北市还针对厨余生活垃圾开展了回收沼气试验和提炼酒精试验。

还有一类回收物被称为"巨大生活垃圾"，包括废弃家具和自行车等。对这类生活垃圾，台北市采取"免费回收，修复再生，低价贩卖"

的模式处理。居民要弃置大件物件，可电话预约回收队上门收集，回收队师傅对旧家具进行拆解翻新，可进入拍卖场，以同类产品市价的三成出售。据统计，2012年台北市销售再生家具收入近1290万元新台币，养猪厨余收入逾750万元新台币，变卖其他各类回收废弃物收入6687逾万元新台币。

这样就增强了生活垃圾的循环利用，减少了进一步生活垃圾的处理产生和处理成本。资源回收站已遍布台湾，在台北市就有四家。台湾通过多种宣教形式，倡导民众树立"资源回收""废物再利用"的理念，特别重视建立志愿者队伍。目前已有2万多名环保志愿者长期活跃在居住的小区进行资源回收，他们的行动有力地带动影响了更多的人参与做环保，十几年间，生活垃圾回收量由3%提升到40%以上。

在台湾，总共有24座大型现代化生活垃圾焚化厂，台北有3座，每天傍晚，台北市无法回收再生的生活垃圾被送往封闭的生活垃圾卸料间，然后进行焚化和后续处理。每厂每天可以处理1800吨城市生活垃圾，而焚化炉的燃烧温度控制在850摄氏度以上，以防止废弃和致癌物质的产生。生活垃圾在焚烧过程中在锅炉和蒸汽涡轮机联合作用下用以再生发电，发电量为45000瓦，其中37000瓦回售给电力公司，余下的用以供焚化厂自用。台湾城市生活垃圾终端处理以焚烧发电为主，填埋、喂猪、堆肥、回收利用为辅。生活垃圾燃烧后最后产生两样东西：低渣和飞灰。飞灰可送到炼钢厂以及水泥厂作为原料，低渣则可用来做管沟回填，或者当作铺路的材料。台湾生活垃圾焚烧厂的具体情况如表7-1所示。

表7-1 台湾生活垃圾焚烧厂情况

厂名	规模(t/d)	实际焚化量(t)	实际发电量(×103瓦)	灰渣量(t)	运转情况
内湖厂	900	170721	23827.94	31898.91	1992年1月正式运转
木栅厂	1500	280894	67659.00	51669.40	1994年7月正式运转
新店厂	1350	255095	109885.40	53786.63	1994年5月正式运转
树林厂	1350	390676	175185.30	87952.68	1995年6月正式运转
台中市厂	900	227545	83979.02	43409.32	1995年5月正式运转

厂名	规模 (t/d)	实际焚化量 (t)	实际发电量 (×10³ 瓦)	灰渣量 (t)	运转情况
嘉义市厂	300	66971	12438.00	14486.00	1998 年 1 月开始试烧，同年 11 月正式运转
高雄中区厂	900	77291	7451.00	12846.20	1998 年 8 月开始试烧
北投厂	1800	379946	126977.10	65841.00	1998 年 1 月开始试烧
台南市厂	900	64932	—	14352.00	1998 年 5 月开始试烧
合计	5700	1914068	607402.76	376242.14	

7.4.4　台湾生活垃圾全过程减量化的实践成果

通过可回收物免清运费和随袋征收生活垃圾费促进居民对生活垃圾进行分类，细化的生活垃圾再分类使得最后处理生活垃圾占生活垃圾总量的三成，回收利用较好。充分的资源回收利用，使得焚烧厂处理量降至每天 900~1000 吨，台湾生活垃圾减量化取得成功。

经过持续的努力，2011 年与 1999 年相比，台北市家庭生活垃圾量日均从 2970 吨下降到 1000 吨，减量 66%；人均生活垃圾日产量由 1.12 千克降为 0.39 千克；资源回收的比例从 2.4% 提高到 47.7%，末端处理率仅为 3%。台北有三个生活垃圾焚烧厂，日处理能力达 4200 吨。另有一个填埋场：生活垃圾，到 2010 年日掩埋量仅为 59 吨，比 1994 年掩埋生活垃圾锐减 97.6%，仅填埋焚烧后的剩余物和作为应急处理设施。

7.5　北京城市生活垃圾全过程减量化实践

7.5.1　生产消费环节

（1）做好生活垃圾分类

根据国家建设部《城市生活垃圾分类及其评价标准》，把城市生活垃圾分为六类：可回收物、大件生活垃圾、可堆肥生活垃圾、可燃生活垃圾、有害生活垃圾以及其他生活垃圾。目前，北京市以《城市生活垃圾分类及其评价标准》为依据，根据大类粗分的原则，分为可回收物、厨余（餐厨）生活垃圾、其他生活垃圾三类。按地区属性不同，分为居民小区（三类）、单位餐饮区（三类），单位办公区及公共场所（二类）。如表7-2所示。

表7-2　北京生活垃圾分类

分类	类别 细类	一 可回 收物	二 其他 生活垃圾	三 厨余 生活垃圾
地区 属性	居民区	○	○	○
	单位餐饮区	○	○	○
	办公区及公共场所	○	○	

（2）完善生活垃圾收集工作

平房区。城市生活垃圾的收集方式比较单一，基本上是每隔一段距离就设置一个生活垃圾箱或是生活垃圾桶，居民可以随时投放生活垃圾。这些生活垃圾箱中有些标注了"可回收"和"不可回收"。但是，北京市平房小区的城市生活垃圾目前基本上还都是混合收集。

楼房区。生活垃圾收集方式大致有三种：第一，仅在每栋楼下或每个楼门外设置一个或一组生活垃圾桶；第二，在第一种的基础上，每层楼的楼道内再设置一个或一组生活垃圾桶；第三，在整个小区内只保留少量生活垃圾收集点，而撤掉每栋楼下的生活垃圾桶（可把这种方式成为"定点收集"）。

北京市城市生活垃圾收集主要分三类：生活垃圾房/集装箱式收集方式、密闭式清洁站（即生活垃圾收集站）收集方式和压缩车流动收集方式。目前，密闭式清洁站收集方式在楼房居住区、沿街商铺和平房区应用较普遍。车辆流动收集方式主要在东城区以及其他城区部分密闭式清洁站覆盖不到的区域使用。生活垃圾房/集装箱式收集方式主要用于城乡接合部的平房区。

根据不同区域进行不同收集方式，更好地提高生活垃圾的收集率，从源头上减少生活垃圾的流失，更方便对生活垃圾进行处理工作，做好本环节，有助于城市生活垃圾的减量化。

7.5.2　有偿回收环节

建立废品回收网，不同废品做好分类，标注价格。一方面促进居民对生活垃圾进行合理分类，减少生活垃圾总量；另一方面通过对废品的回收利用，提高资源的回收利用效率。北京开始重视理顺成本分摊机制，包括销售、处理、利用各个环节的企业都应该平均分担商品废弃后的处理成本。

北京开始探索建立一套机制，来理顺关系。消费者将废旧空调、冰箱、电视机和洗衣机等家用电器，交由销售商送返生产厂家进行回收利用。销售商回收消费者交回的旧家电后，交到回收工厂，回收工厂负责将家电进行初步解体，按照塑料类、金属类等进行基本归类。然后各家电生产厂家再将其回收，进行进一步利用。回收所需的费用则由消费者来承担。废品回收如同污水处理、生活垃圾处理行业一样，本质上是政策主导下的公用环保事业。

7.5.3　流通转运环节

做好生活垃圾清运分工。生活垃圾清运主体主要有四种：物业、清洁公司、街道环卫队和区（县）环卫队。主要清运出社区中的厨余生活垃圾和其他生活垃圾（混合生活垃圾）。在多数情况下，小区的厨余生活垃圾由区环卫服务中心下属的环卫队从社区直接运往厨余堆肥厂。在不同类型的小区内，混合生活垃圾的清运主体是不同的。在没有物业治理的小区，混合生活垃圾直接由街道环卫所负责清运。居委会负责代收每户的城市生活垃圾处理费，交给街道环卫所。有物业治理的小区，物业会雇用生活垃圾清运工来清运生活垃圾，或者聘请专业的保洁公司来清运。物业可以根据自身成本的考虑决定采取以上哪种方式，这是一种市场化的运作。在城市生活垃圾处理费用支付上，是以居民到物业，物业再到所在治理区的环卫服务中心来完成支付环节的。

北京推广商场超市进行生活垃圾分类。推广工作按照"大类粗分、因地制宜"的原则，结合不同区域的生活垃圾产生量和成分构成，将餐饮区生活垃圾分为可回收物、餐厨生活垃圾和其他生活垃圾三类。《北京市"十二五"时期绿色北京发展建设规划》中提出，鼓励本市企业在大型商场、超市设立产品包装回收柜台。现已有超市设立专柜回收月饼盒。沃尔玛超市所有门店和山姆会员店开展回收月饼盒送环保袋活动。北京沃尔玛有限责任公司与餐厨生活垃圾处理科技公司签署了《餐厨废弃物清运服务合作意向书》。六家沃尔玛超市的废弃食品、现场制作熟食的泔水，以及废弃的蔬菜、水果等，都将严格按照生活垃圾分类的要求进行分类，然后由专业公司直接从各超市封闭送运至朝阳区高安屯餐厨生活垃圾处理厂。

7.5.4　末端处理环节

由于北京土地资源紧张，用地价格的暴涨，卫生填埋已经到了无地可用的程度。因此，北京市近几年逐步加大对生活垃圾生化处理即焚烧处理设施的投入，以改变以生活垃圾填埋为主的末端处理方式。

北京已经建成阿苏卫焚烧场、董村焚烧场、京西南焚烧场、六里屯焚烧场、北天堂焚烧场和南宫焚烧场。2015 年每日焚烧处理能力达 8200 吨，占生活垃圾生产总量的 40%。通过建立焚烧厂，改变以填埋为主的方式，以达到末端处理时减少生活垃圾最后剩余量。

北京目前主要填埋场包括昌平区阿苏卫、海淀区六里屯、门头沟区焦家坡、丰台区永台庄、通州区北神树和朝阳区高安屯。

在高安屯餐厨生活垃圾处理厂，近百台餐厨生活垃圾处理机每天能处理 400 吨餐厨生活垃圾。超市的餐厨生活垃圾经过大约 8 小时发酵后，将变成无臭、干燥的有机肥，可用于草莓、蔬菜等种植业。

7.6　上海城市生活垃圾全过程减量化实践

7.6.1　生产消费环节

（1）推进城市生活垃圾分类

上海在源头减量过程中，重视城市生活垃圾的分类。

从 2007 年开始，上海在居住区实行"有害生活垃圾、玻璃、可回收物、其他生活垃圾"分类的方式，对应的生活垃圾桶颜色分别为绿色、红色、蓝色和黑色。由于各种原因，实际运行效果不佳。

　　2010 年世博会后，借鉴台北经验，结合上海实际，上海从 2011 年开始在一些居住区推进以"干湿分类"为基础的"2 + X"模式。典型小区——上海市普陀区真如樱花苑小区，于 2013 年 6 月开始进行生活垃圾分类。居委会书记做过几次统计，小区平均日产生活垃圾 808.2 千克，其中湿生活垃圾分拣率是 36.2%。在生活垃圾分类推行一个月后，小区平均日产生活垃圾上升到 949.2 千克，同时湿生活垃圾的分拣率也上升到 42.7%，这些分拣出来的湿生活垃圾，被统计在该小区的生活垃圾减量中。随之而来，八个生活垃圾投放点减少为三个。此实践促进了生活垃圾的减量化。

　　2011 年上海城市生活垃圾分类试点覆盖到 1080 个居住小区，涉及 58 万户居民，完成了人均城市生活垃圾处理量比 2010 年减少 5% 的目标。2012 年在巩固 2011 年 1080 个试点小区分类减量成果的同时，进一步扩大试点范围，新增 1050 个试点场所，包括 500 个居住小区、100 个机关、200 个企事业单位、100 个集贸市场、100 所学校和 50 个公园。人均城市生活垃圾处理量控制在每人每天 0.74 千克。

　　2013 年，在全市 157 个公园推广实行生活垃圾分类。首批在 50 个五星级、四星级公园和市、区两级综合性公园将依据日常城市生活垃圾按照不同区域进行分类：办公区域分为有害生活垃圾、可回收物、其他生活垃圾三类；餐饮区域分为厨余生活垃圾（湿生活垃圾）、其他生活垃圾二类；游览区域分为可回收物、其他生活垃圾二类。公园维修、改造的建筑生活垃圾、大件生活垃圾应分类堆放、分流处理，不得混入日常城市生活垃圾；公园产生的枯枝落叶等废弃物，不进入环卫收运系统，进行粉碎利用，用于覆盖或深化利用。

　　2014 年 5 月 1 日，上海发布《上海市促进生活垃圾分类减量办法》将上海的生活垃圾分为四类——可回收物、有害生活垃圾、厨余果皮（湿生活垃圾）、其他生活垃圾（干生活垃圾）。统一了分类的标准，从而进一步推进源头减量化。

（2）推进生活垃圾收费政策

从 2004 年 9 月起，上海颁布《上海市单位城市生活垃圾处理费征收管理暂行办法》，开始对市内产生城市生活垃圾的国家机关、企事业单位、社会团体、个体经营者征收城市生活垃圾处理费。2011 年全市各区共征收单位城市生活垃圾处理费约 6.9 亿元，较好地体现了"谁污染谁付费，多污染多付费"的原则。

上海充分考虑城市生活垃圾处理成本、居民收入水平和支出结构以及收费的各种可行的方式方法，适应上海经济社会发展情况的居民城市生活垃圾处理收费的可行性，在 2013 年 6 月发布了《上海市单位生活垃圾处理费征收管理办法》，提出"单位生活垃圾处理费以按量收费为基础，采取基数内外不同收费标准，并按不同行业实行分类计费。"

（3）源头减量

上海市出台《上海市城市生活垃圾处理管理办法》，具体内容要求本市生产、销售的各类商品应当避免过度包装。对列入限制包装目录的产品，其包装物比例应当符合规定要求，具体限制包装产品目录以及包装物比例要求由市经委会同市市容环卫局等有关部门另行规定。各农贸市场、超市等经营管理单位应当组织做好净菜上市的工作，减少城市生活垃圾的产生量。

7.6.2　有偿回收环节

（1）城市生活垃圾二次处理——城市生活垃圾综合处理站

上海建立"城市生活垃圾综合处理站"拟取代当前的生活垃圾站，成为集可循环物品回收、城市生活垃圾分类、生活垃圾排放收费、生活垃圾压缩脱水等多功能于一身的生活垃圾综合处理机构，配备面向社会招募的环卫工或临时工进行运作。"城市生活垃圾综合处理站"入驻小区，不仅可以提高生活垃圾分类水平，而且对于提高循环利用比例，节省生活垃圾运输处理费用，提升政府公信力都有很大的帮助。

——"城市生活垃圾综合处理站"的生活垃圾细分功能；

——"城市生活垃圾综合处理站"的减容功能；

——"城市生活垃圾综合处理站"的高效循环物资利用功能；

——"城市生活垃圾综合处理站"的便民物资回收功能；

——"城市生活垃圾综合处理站"体系对生活垃圾终端处理的减量功能。

（2）餐厨生活垃圾处理

上海市现有九家厨余生活垃圾处置单位，按照处置产品种类区分有八家制作饲料，另有一家生产有机肥。厨余生活垃圾制作有机肥基本技术可分为好氧发酵堆肥法和厌氧发酵消化法。制作工艺根据对通风、湿度、搅拌、温度的不同控制以及菌剂和菌种添加方法的不同，可以演变为多种工艺流程，主要目标是为分拣—粉碎—发酵—杀菌—成品。制作饲料的主要工艺为分拣—粉碎—烘干—杀菌—再粉碎，烘干环节主要采用电加热、燃煤锅炉加热或蒸汽加热等形式实现。主要为了实现"厨余生活垃圾"本地完成最终处理，不需再运入填埋场和焚烧厂。

7.6.3　流通转运环节

上海推进相关主体，做好生活垃圾清运分工。生活垃圾清运主体有物业、清洁公司、街道环卫队和区（县）环卫队，主要清运社区中的厨余生活垃圾和其他生活垃圾（混合生活垃圾）。

在多数情况下，小区的厨余生活垃圾由区环卫服务中心下属的环卫队从社区直接运往厨余堆肥厂。在不同类型的小区内，混合生活垃圾的清运主体是不同的。

在没有物业治理的小区，混合生活垃圾直接由街道环卫所负责清运。居委会负责代收每个小区的城市生活垃圾处理费，交给街道环卫所。

有物业治理的小区，物业会雇佣生活垃圾清运工来清运生活垃圾，或者聘请专业的保洁公司来清运。物业可以根据自身成本的考虑决定采取以上哪种方式，这是一种市场化的运作。

在城市生活垃圾处理费用支付上，是以居民到物业，物业再到所在治理区的环卫服务中心来完成支付环节的。

7.6.4 末端处理环节

2000 年以后，上海城市生活垃圾末端处置方式基本确定以焚烧为主。上海在"十二五"期间适应生活垃圾分类要求，优化生化处理技术，保留卫生填埋作为城市生活垃圾处理托底保障的功能。

上海生活垃圾填埋厂主要有老港城市生活垃圾四期卫生填埋场，松江区城市生活垃圾卫生填埋场。焚烧厂主要有江桥焚烧厂、曹路焚烧厂、浦东新区生活垃圾焚烧厂。

上海江桥城市生活垃圾焚烧厂总投资约 9.2 亿元、日处理能力达到 1500 吨。

7.7 广州城市生活垃圾全过程减量实践

7.7.1 生产消费环节

（1） 生活垃圾分类管理

广州市政府出台《广州市城市生活垃圾分类管理暂行规定》，详细规定了生活垃圾分类措施。其中主要对生活垃圾如何进行分类、各主体职责、在促进生活垃圾分类中的作用做了详细规定。此条例确定了"先易后难、循序渐进、分步实施"的生活垃圾分类工作原则，先将餐厨生活垃圾分类出来，然后逐步对其他生活垃圾进行进一步细分。广州市重点加强城市生活垃圾分类管理人员业务培训，使其成为生活垃圾分类的先行者和推动者。

广州主要推行的生活垃圾分类模式包括"生活垃圾不落地"的收运模式、厨余生活垃圾"专袋投放"、城市生活垃圾"按袋计量收费"和餐厨生活垃圾"集中处理"四种模式。"生活垃圾不落地"是台北等城市使用的一种生活垃圾分类模式。

（2） 生活垃圾试点收费

广州在试点小区实行生活垃圾按袋计量收费，居民要为超量的生活垃圾买单。城市生活垃圾按袋计量收费是居民以前每户每月交的 15 元生活垃圾处理费不变，但倒掉的生活垃圾须购买政府制作、在指定地点发售专用生活垃圾袋来盛装，再交生活垃圾车收运，产生多少生活垃圾付多少钱，生活垃圾越少，缴费就越少。

每月每户免费配置 60 个专用生活垃圾袋，额外的则要为每个专用生活垃圾袋支付 0.5 元，专用生活垃圾袋也将贴有具有防伪标识的标签，同时还将在袋上标明区、街道、社区以及房子编号，以编号对应每户家庭。

如果发现有居民没有做好分类，执法人员可根据这一编号追查到扔放生活垃圾源头的居民个人。这种措施目的是希望通过经济手段约束居民减少生活垃圾制造量。生活垃圾袋用少了的居民会获得减免生活垃圾费奖励，居民制造多少生活垃圾就付多少钱，生活垃圾越少，缴费越少。

7.7.2　有偿回收环节

首先，家庭要先把有害生活垃圾分离出来，这种生活垃圾一个月可能产生一袋，有的甚至一年才产生一袋。先做到有害的生活垃圾单独放，即使在家里存放也暂时不会污染环境，把这块生活垃圾分出来后，其他生活垃圾就相对好处理了。

其次，凡是可以回收的，都要大力回收。回收比例高的话可以达到 40%，这就相当于生活垃圾减量了 40%。对于像玻璃瓶这类价值比较低的可回收生活垃圾，政府将会出台奖励措施，鼓励回收低价值的可回收生活垃圾。

剩下的是厨余生活垃圾。厨余生活垃圾在农村里可以直接拿去养猪、沤肥，更可以通过厌氧和负氧处理，实现回收利用。泔水油不能重新回到餐桌，可以作为有用的工业原料。至于其他生活垃圾，暂时不可能进行直接的回收利用，主要用于焚烧发电。

7.7.3　流通转运环节

（1）家庭厨余生活垃圾分流处理

家庭厨余生活垃圾占城市生活垃圾 40% 以上，含水率高，既不宜于焚烧等热处理，也不宜于填埋，甚至因含难降解物质和肥分较低也不宜于生物处理，其分流处理是城市生活垃圾处理科学化的重要内容。做好中间环节的分流处理可以更好地减少末端环节处理量，在生活垃圾减量工作中起到重要作用。

（2）进行二级分类的方法

家庭分类要简单。家庭实施简单的干湿分类，对于旧家电、大件生活垃圾和装修产生的建筑生活垃圾要分开。

政府制定干湿生活垃圾排放量定额和收费标准，家庭购买干湿生活垃圾收集袋（含生活垃圾清运费和处理费），实施干湿生活垃圾不同的收费标准，严惩干湿生活垃圾混合收集，鼓励干湿分开收集。

政府主导第二级分类，即干生活垃圾分类，在物管和拾荒者分类基础上，把那些属于资源但不值钱的物品分出。政府通过街道办，街道办通过社区居委，建立街道回收中心和社区回收站，形成一街诸多社区梯队式回收站系统。

街道办回收中心的主要职责是分类回收与利用监管和固定资产管理，确保生活垃圾分流渠道畅通，由"一把手"负责，组建分类回收与利用监管队伍和社区回收站。

社区回收站负责收集袋派发和生活垃圾收费、干生活垃圾分类、回收、利用和清运等作业，整合拾荒者、物管和环卫站的环卫力量，综合考虑生活垃圾分类回收、清运分流、综合利用和生活垃圾收费等环节，由街道回收中心统一监管，把环卫所负责的清扫保洁、监督等职责承担起来。

（3）改造生活垃圾收运方式，将收运市场化

组建三条物流环路，盘活生活垃圾收运环节，提高收运环节的效率，推动生活垃圾分流。生活垃圾收运主体有：负有收运责任的生产和销售企业、有用生活垃圾回收利用企业、政府指定的收运单位。

①商品生产和销售企业主要负责收运其生产和销售的大件商品、家电产品、包装物和未售出产品等形成的废弃物。

②有用生活垃圾回收利用企业指定的收运单位主要负责收运政府或商品生产、销售企业委托生活垃圾回收利用企业处理的生活垃圾，政府鼓励生活垃圾回收利用企业重点处理居民日常生活产生的家庭生活垃圾和公共场所保洁生活垃圾。

③政府指定的收运单位重点收运有毒、有害、危险及一些特殊废弃

物，包括因企业破产或其他特殊原因导致企业不能收运其生产销售的商品废弃物。

生活垃圾转运方面，从源头转运至回收利用站点再到末端处理处置场，目前主要由区属车队承担。鼓励企业及废品回收公司承担部分转运任务，盘活生活垃圾收运环节，推动生活垃圾分流处理和分类处理。

7.7.4　末端处理环节

针对卫生填埋处理生活垃圾所带来的种种弊病和发展短板，2010 年以前，广州处理城市生活垃圾的方法主要是卫生填埋和焚烧发电，从2011 年开始，生化堆肥技术成为了广州城市生活垃圾的处理手段之一。目前广州有且仅有一个餐厨生活垃圾处理项目——大田山餐厨废弃物循环处理项目。

广州生活垃圾填埋场主要有白云区李坑生活垃圾填埋场和兴丰生活垃圾填埋场。李坑城市生活垃圾焚烧发电厂位于白云区太和镇永兴村，是广州市重点工程项目，由广州市政府投资 7.25 亿元、引进国际先进环保技术建设。厂区面积 101778 平方米，设计处理能力为 1040 吨/日。

2010 年广州市共无害化处理城市生活垃圾 546 万多吨，城市生活垃圾处理资源化水平明显提高。其中，资源回收 82 万吨，各类饮料软包装回收 1.05 万吨，餐厨生活垃圾生化处理 5947 吨，绿化生活垃圾堆肥生化处理 8 万多吨，灰渣资源化利用 5.9 万多吨，焚烧发电 9275 万度，填埋沼气发电 3410 万度。

7.8　城市生活垃圾全过程减量化实例

7.8.1　爱适易食物生活垃圾处理器应用

食物生活垃圾处理器能最大限度地实现"源头减量，干湿分离"这一目标，把食物生活垃圾通过下水道进入污水处理厂进行处理。世界各国的研究表明，食物生活垃圾含水率高达 75% ～80%，进入污水处理厂的处理成本较其他处理方法是最经济的，花费的费用最低。

2012 年，国内首部以立法形式规范生活垃圾处理行为的地方性法规《北京市城市生活垃圾管理条例》的正式实施，其中就提出了"本市鼓励净菜上市，提倡有条件的居住区、家庭安装符合标准的厨余生活垃圾处

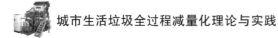

理装置。"的倡议。2012年，上海出台了《上海市城市生活垃圾分类设施设备配置导则（试行）》，鼓励"在区域排污管道具备条件的地区，新建的全装修住宅内，应配置厨余果皮粉碎机；其他具备条件的住宅，同时鼓励安装厨余果皮粉碎机。"

2013年2月26日，爱适易公布其在中国的首个试点项目——上海浦东新区金桥瑞士花园的首期追踪调研结果。上海浦东新区金桥瑞士花园共有1200家。调研结果显示，安装了食物生活垃圾处理器后，小区生活垃圾排放量为0.6千克/人·天，生活污水COD为100~420毫克/升，与同区域小区相比，城市生活垃圾中湿生活垃圾比例有所降低，人均生活垃圾清运费用节省约30%，有效地促进了干湿生活垃圾分离，社区环境也得到一定的改善。

7.8.2　生物降解有机生活垃圾

目前，可生物降解的有机生活垃圾主要有城市污水处理厂污泥、饭店餐饮单位产生的餐厨生活垃圾，以及粪便等。随着生活垃圾分类管理的深入和推进，家庭厨余生活垃圾、过期食品类生活垃圾、园林绿化生活垃圾等也将逐渐单独收集，可生物降解有机生活垃圾资源化利用量将大幅度增加。我国城市餐厨生活垃圾产量大，处理需求大。但是同样在传统方式没有退出的情况下，城市餐厨生活垃圾集中处理面临的最大障碍是如何将分布在各个餐馆和食堂的餐厨生活垃圾有效收集起来。

根据处理过程中起作用的微生物对氧气需求的不同，生物处理可分为好氧生物处理和厌氧生物处理两大类。

好氧生物处理是一种在有氧的条件下，利用好氧微生物使有机物降解并稳定化的生物处理方法，微生物通过自身的生命活动——新陈代谢过程，把一部分有机物氧化分解成简单的无机化合物，如CO_2、H_2O、NH_3、P_4O_3、S_4O_2等，从中获得生命活动所需要的能量；同时又把另一部分有机物转化合成新的细胞物质，使微生物增殖。

厌氧生物降解是在无氧条件下，利用厌氧微生物的代谢活动，将有机物转化为各种有机酸、醇、CH_4、H_2S、CO_2、NH_3、H_2等和少量细胞物质的过程。它是一个多类群细菌的协同代谢过程。在此过程中，不同微生物的代谢过程相互影响、相互制约，形成复杂的生态系统。

生活垃圾的资源化主要分为两个去向，即饲料化和肥料化。

7.8.3　东约克郡居民志愿回收生活垃圾

东约克郡在英国是一个中央直属的二级政府，该郡城市生活垃圾治理体系主要包括以下核心要素：10 个生活垃圾回收中心、140 个社区回收点、1 个生活垃圾填埋场、两个生活垃圾集散中转站和 5 个生活垃圾运输车队。10 个生活垃圾回收中心都是设在远离社区的野外，规模很大，能综合回收处理各类生活垃圾。

每个回收中心面对的主要服务对象是居民家庭——各家将无法装入自家生活垃圾箱的城市生活垃圾及废旧家电、家具等运到回收中心，并自己分类置于相关的大型运载生活垃圾箱内。

居民自愿回收生活垃圾的一个途径是郡府设在人员流动较多的场所的 140 个回收点。例如，规模较大的超市停车场内一般都有一个回收点。居民从自家城市生活垃圾中挑拣出来的不可回收类生活垃圾的多少将会影响全郡的填埋生活垃圾量。

郡府免费为每家居民提供三个不同颜色的城市生活垃圾箱：蓝色箱装回收类生活垃圾，郡府四个星期帮倒一次；棕色箱装花园内的植物类生活垃圾，郡府两个星期帮倒一次，此类生活垃圾进入综合肥料生产系统；绿色箱用来装不可回收的生活垃圾，郡府每星期帮倒一次，此类生活垃圾之终点站为生活垃圾填埋场。

居民除了以志愿的方式直接参与生活垃圾回收的许多环节，还通过交付地方政府收取的社区税来支持地方的公共开支。地方政府的生活垃圾治理开支来源于两个主要方面：中央政府财政拨款和居民缴纳的社区税。

有些居民会期待郡政府通过普遍服务而承担起生活垃圾处理的全部责任：我付税你服务。郡政府一位负责生活垃圾治理的官员认为，持此种态度的人在居民中占的比例很低，绝大多数人能在某种程度上志愿参与生活垃圾的回收处理。

7.8.4　渗滤液处理技术——生化处理（MBR）和物理处理（DTRO）

在污水处理、水资源再利用领域，MBR 又称膜生物反应器（Membrane Bio-Reactor），是一种由膜分离单元与生物处理单元相结合的新型水处理技术。采用的膜结构型主要为平板膜和中空纤维膜。

根据膜组件和生物反应器的组合方式，可将膜——生物反应器分为分置式、一体式以及复合式三种基本类型。国内外 MBR 主要应用领域及相应百分比率如表 7 - 3 所示。

表 7 - 3　膜生物反应器（MBR）主要应用领域

序号	污水类型	所占百分比（%）
1	工业污水	27
2	城市污水	12
3	建筑污水	24
4	生活垃圾	9
5	家庭污水	27

DTRO 是 DT 的一个分类，DT 膜技术即碟管式膜技术（Disc Tube Module），分为 DTRO（碟管式反渗透）、DTNF（碟管式纳滤）、DTUF（碟管式超滤）三大类，是一种专利型膜分离组件。该技术是专门针对高浓度料液的过滤分离而开发的，已成功应用近 30 年。料液通过膜堆与外壳之间的间隙后通过导流通道进入底部导流盘中，被处理的液体以最短的距离快速流经过滤膜；逆转到另一膜面，再流入到下一个过滤膜片，从而在膜表面形成由导流盘圆周到圆中心，再到圆周，再到圆中心的切向流过滤，浓缩液最后从进料端法兰处流出。料液流经过滤膜的同时，透过液通过中心收集管不断排出。

7.8.5　广西太阳能生活垃圾处理站

太阳能减量化生活垃圾处理站共设有生活垃圾分类处、难分解生活垃圾堆放处和可分解生活垃圾降减室。其流程主要是保洁员从住户中收集生活垃圾后，按照可回收、可分解进行分类。可分解生活垃圾被导入投料池，在太阳能的高温加热下加速发酵分解为有机肥。可回收生活垃圾分拣回收循环利用，只剩下少量有机类城市生活垃圾需运到镇级生活垃圾填埋场填埋，其运行成本缩减了 80%。此处给每户居民发放了印有可回收、不可回收、厨余生活垃圾标识的生活垃圾桶，以及城市生活垃圾分类宣传单，使居民能准确将生活垃圾分类。这个太阳能生活垃圾减量化处理站，一天约能处理 80 户到 100 户居民的城市生活垃圾，一次能消化掉 92% 的可降解城市生活垃圾。

7.8.6　韩国首尔的做法

首尔市针对不同的城市生活垃圾，有不同的收集方式。

（1）家庭起居生活垃圾收集

家庭起居生活垃圾指市民日常生活丢弃的杂物及各类废弃包装等小体积废弃物，不包括可以回收利用的废弃物、食物残渣及大体积的废弃物等。市民在丢弃这类生活垃圾时必须使用首尔市同一规格标准的塑料生活垃圾袋，并在日落之后放到指定的生活垃圾箱内，工作人员通常在日出之前进行收集。在首尔市各类住宅区，各个社区政府机关以及其他一些指定地点都安装专门的特殊生活垃圾分类收集箱，收集家庭产生的废弃荧光灯泡和废弃电池，环卫工人负责定期收集。收集的废弃荧光灯泡将送到处理厂进行处理，其中水银及玻璃成分将提炼出来循环利用，收集的废弃电池送到废弃物回收厂进行处理。

（2）食物残渣收集

2000 年开始，首尔市食物残渣生活垃圾实行单独分类收集，住宅小区通常在生活垃圾分类收集箱内安装专门食物残渣收集盒。市民倒弃食物残渣时，首尔市有关部门不断宣传教育市民，不要将有害物质、硬质物质，比如骨头或贝壳等混入食物残渣，有利于对食物残渣的处理和利用。

（3）可循环废弃物收集

首尔对五类废弃物进行循环回收利用，包括纸类、瓶子、罐头盒类、塑料制品以及金属残片和金属制品。聚苯乙烯泡沫塑料也被列为循环回收废弃物，衣服和棉被单独进行收集和循环利用。首尔市下属各社区对上述可回收物的收集方法有些不同，总的来说大多数高层住宅小区尤其是高层公寓小区，通常都设有 5~6 种可回收物收集装置，单独收集上述各类可循环利用废弃物，在那些独门独户住宅区域，则通常是只有 2~3

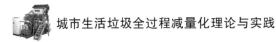

种可回收物收集装置，统一收集上述各类可回收物。

（4）大尺寸家庭生活垃圾收集

大尺寸家庭生活垃圾指的是体积较大、无法用标准生活垃圾袋装的废弃物，包括废弃的家用电器和废弃家具。居民可以选择缴纳一定费用，电话预约相关社区主管部门或政府当地私营生活垃圾收集代理机构上门回收，也可以选择自行将这类大尺寸家庭生活垃圾运送到政府生活垃圾集中站点，免交相应收集费用，甚至可以报告其所在地区生活垃圾回收利用中心，如果经过生活垃圾回收中心确认可以再利用并将其回收，居民也不需要支付任何费用。

7.9 大都市城市生活垃圾减量化实践启示

7.9.1 城市生活垃圾全过程减量化的法律体系化

在国内外城市生活垃圾全过程减量化的实践研究中发现，在城市生活垃圾全过程减量化中做得较好的国家，具有良好的法律体系，法律的出台有助于对城市生活垃圾的处理进行更好的要求和限制，这样有助于更好地实现减量化。

由此我们可以得出，政府应该建立健全法律法规，理顺体制机制，加大政府投入力度，在生活垃圾减量化全过程中针对各个环节、不同利益主体出台不同的法律制度，形成一个完整的法律体系，使得各种法律贯穿于生活垃圾减量化的全过程中，如在生活垃圾分类投放、运输、处理上下些功夫，细化措施，加强监管，从而达到减量、环保之长远目的。

政府政策对生活垃圾减量化处理起着重要的作用，随着政府出台法律，有助于各个环节做好生活垃圾减量化和处理的方向，能够严格生活垃圾的产生和流通过程。明确的生活垃圾处理战略目标，有助于更好的实现城市生活垃圾减量化。环境法律的出台，是生活垃圾减量化的基本保证，为实现全过程生活垃圾减量化奠定基础。

法律作为国家的意志的体现，具有绝对约束力和强制执行力，能有效协调各方关系，快速优质实现既定目标。主要从以下三方面着手：一是依法制定治理规划，尽快制定和完善城市生活垃圾的治理规划，统筹谋划城市生活垃圾处理基础设施建设的布局、用地和规模，保证生活垃圾无害化处理的程序、规范、标准不因领导人的改变而改变，也不因领导人的注意力的改变而改变。二是依法加强组织领导。要在充分调查研究的基础上，依法加强领导和监督检查，及时协调解决重大问题。三是依法加强设备运行管理。各类生活垃圾处理厂要依照相关法规的要求，建立和完善设备运行管理制度，保证处理设施安全有效运行。

7.9.2　城市生活垃圾全过程减量化的专业化

做好生活垃圾全过程的减量化，各个环节要保证其专业化。

在生活垃圾分类上，要采取专业的分类标准，这样有助于在源头更好的减量，良好的标准能提高生活垃圾的回收利用率，减少中间环节回收的人力和物力，实现源头减量。除了分类标准外，也要推广好的分类方法，使得生活垃圾能更好地细分，从而便捷生活垃圾的处理。

在生活垃圾收集上，要推广分类收集，改变混收局面，在收集时要进行统一策划，避免收集过程中生活垃圾的遗失或收集不净，造成生活垃圾的二次污染。

在生活垃圾的回收环节，应使用较好的方式和技术，提高生活垃圾的回收利用率，从根本上减少生活垃圾。加强生活垃圾中的废旧物质的回收，采取强化回收利用的举措：一是制定废旧资源回收法，二是组建专业回收公司，三是建立健全规范的回收网络和体系，四是设立废旧物资调剂站点，对于减少生活垃圾总量，充分利用废旧资源，节省处理资金，提高无害化率，延长生活垃圾处理厂使用寿命，实现经济效益、社会效益和生态效益的共赢，都具有不可低估的重要作用。

在最后的末端处理都要采取专业的手段与方法，根据不同生活垃圾的性质采取不同的处理方法，既能较好地对生活垃圾进行处理，又能保证不对环境造成污染。

由此，不同机构要做到很好的配合。生活垃圾源头减量是减量化重要环节，首先是生活垃圾的分类处理，生活垃圾是放错了地方的资源，很多生活垃圾具有可回收性，如果做好回收，那么就直接完成了减量化的处理。在减量化过程中，要做好各个环节的专业处理，以达到实现全过程减量化的效果。

7.9.3 城市生活垃圾全过程减量化的多样化

生活垃圾的处理采取多种方法，从国外实践来看，针对不同类型的生活垃圾要明确不同类型的方法，可回收、不可回收、厨余生活垃圾等，较为适合的方法，可以更好地处理生活垃圾，对生活垃圾的减量起到关键的作用。

做好生活垃圾的分类，然后采用针对性的方法来进行生活垃圾的处理，一方面可以更好地、有针对性地进行生活垃圾的处理，实现生活垃圾的减量化，由于生活垃圾的种类繁多，良好的细分是十分有必要的，所以在细致分类的基础上，要对应各种适宜的处理方法，做好生活垃圾的减量化。

7.9.4 城市生活垃圾全过程减量化的资源化

从生活垃圾清运量和生活垃圾成分看出，一方面生活垃圾的出路困扰城市的发展；另一方面生活垃圾中又有大量的可回收利用成分。对生活垃圾进行资源化利用，是解决这一矛盾的最好方法。生活垃圾资源化潜力随着生活水平提高和经济的发展也在不断增加。在生活垃圾成分中，金属、纸类、塑料、玻璃被视为可直接回收利用的资源。如果生活垃圾中的可用物质能得到反复利用，则生活垃圾将成为取之不尽的循环利用资源，而且有力促进社会和经济的可持续发展。

做好针对生活垃圾全过程减量化的管理，从源头开始，做好分类，生活垃圾的回收利用、收集和转运，从而更好地利于可回收生活垃圾的循环利用，使得生活垃圾在中间环节更好地减量，避免了末端处理的情况，同时大大提高资源的回收利用效率，实现了生活垃圾的资源化。生活垃圾资源化是生活垃圾减量化的重要方式，直接的回收利用实现了较好的减量化，使得生活垃圾在中间环节便得到了较好地处理，不用经过末端的处理，实现减量化要做好资源化，两者相互渗透、相互配合，更好的实现生活垃圾的减量化。

7.9.5 城市生活垃圾全过程减量化的产业化

推行市场管理，实现废旧资源利用的产业化，简言之，就是将生活垃圾的分类、收集、转运、处理等引入市场机制，从生活垃圾的产生到末端处理建立一种规范化、系统化、科学化的综合处理产业体系，形成产业链。主要途径有以下三个方面。

（1）改革经营管理体制

现从事城市生活垃圾经营管理的事业单位，要按照企业化、市场化的要求进行改革，即在清产核资、明细产权的基础上，按《公司法》改制成独立的企业法人。街道保洁、生活垃圾清运、设备营运等都按市场化的要求，采取公开、公平、公正的招标方式，组建具有法人资格的公司进行经营和管理。

（2）拓展资金筹措渠道

要遵循市场规律，建立多元化投资体制，采取多种渠道在国内外筹措资金，推动基础设施建设。各级政府除加大投入，提高管理人员的素质外，还应认真执行建设部《城市生活垃圾管理办法》，即足额征收生活垃圾处理费用，为生活垃圾处理设施的正常运行夯实基础。

（3）着力推进生活垃圾处理产业化

以现有的形式和发展趋势分析，城市生活垃圾只会增加而不会减少，这就为其处理实现产业化提供了丰富的资源。美国新兴预测委员会和日本科技厅有关专业经论证后判断，生活垃圾处理产业将成为 21 世纪的新的经济增长点和"朝阳"产业。各级政府要审时度势、与时俱进、抓住机遇，尽快制定产业发展的规划和政策保障措施，促使生活垃圾收集、转运、处理特别是废旧资源转化利用形成一条龙，尽快向产业化方向发展。

第 8 章　结论与建议

8.1　主要的结论

　　系统动力学方法以反馈作为基础，把定性与定量相结合分析，擅长解决复杂不确定系统长周期预测难题。运用其做北京市废弃物产生、收集与处理的预测，结果表明所建模型可包含生活垃圾产生、收集与处理中的诸多因素，且可通过系统流图和模型方程式将因素之间互动关系以定性和定量方式反映出来，进行系统分析。取模型中主要变量 2006—2020 年预测值对比实际历史数据，可看到误差在 8% 之内，说明所建模型具有较好预测精度。

　　设置不同情境建立系统动力学模型做系统行为模拟，可以得出以下五个方面的结论。

　　①城市生活垃圾的形成是一个系统性、连续性的问题，涉及社会多主体。城市生活垃圾减量化的主体包括政府、生产企业、居民、环卫体系和废品再生体系，和"木桶原理"相似，城市生活垃圾的减量离不开任何一个主体的努力。

　　②城市生活垃圾各个环节影响因素之间以传递关系为主，也有相互反馈的关系。各个环节的大多数影响因素，能影响本环节的城市生活垃圾流量，继而影响输入下一环节的存量。少数影响因素之间也存在反馈关系，比如提高回收价格可以提高城市生活垃圾回收率，而整个社会生活垃圾回收率的提高将营造出良好的环保氛围，从而通过改善社会文化因素降低城市生活垃圾量。

　　③对城市生活垃圾进行全过程综合调控将能产生最佳的减量化效果。根据情境模拟所得数据，在实行综合调控方案下，生活垃圾产生量、生

活垃圾收集量及生活垃圾处理量都是最优的，相应的投入也是最高的。综合调控方案结合北京市未来发展规划来制定，更接近于将来发展，所以可直接用于进行生活垃圾产生、收集与处理的预测。

④源头减量和中间减量都优于末端减量的效果。中间减量优于源头减量，源头减量优于末端减量。从长期看，通过源头减量可以从根本上减少对资源的使用量，最符合城市生活垃圾"减量化"的目标；从中短期看，中间减量可以提高资源的再利用效率，最符合城市生活垃圾"资源化"的目标。因此源头减量和中间减量更符合城市生活垃圾三化的管理目标，而且能起到更好的减量效果，城市生活垃圾管理政策的重心应集中在中间和前端环节。

⑤价格包括生活垃圾收费和生活垃圾回收价格，是影响城市生活垃圾减量的重要因素。提高生活垃圾收费价与市场回收价，相应生活垃圾回收量将增加。而生活垃圾收费应在居民承受能力之内，市场回收价格应在市场价格机制下。因此需要政府加大宣传，提高市民环保意识，使市民自觉对生活垃圾分类，增大生活垃圾回收量。

8.2　主要的创新点

本书创新之处有以下三个方面。

①构建了城市生活垃圾形成与减量化系统动力学模型。现有文献大多只是划分为三个环节，没有对各个环节的影响因素及其相互反馈关系进行讨论，本书进一步拓展研究的视角，从生活垃圾的产生到处理更全面细分的环节进行分析讨论，并对其影响因素进行识别分析，继而运用系统动力学这一政策仿真实验室的工具构建出城市生活垃圾形成与减量化模型。

②首次构建了以生活垃圾总量为核心的减量化效果评价体系。系统动力学的模型提供了计量的基础，但系统涉及众多变量，如何更好地计量城市生活垃圾减量化效果，使其更具操作性和可比性是一个难题。本书以生活垃圾总量为核心，建立以城市生活垃圾总量、综合收集率、综合回收率以及综合无害化处理率为指标的生活垃圾减量化效果评价体系。

③依据城市生活垃圾系统动力学模型开展了政策的情境模拟。本书

根据城市生活垃圾减量化对策设定自然趋势、源头减量、中间减量、末端减量和综合调控五种情境，对每种情境制定不同的模拟方案，然后对不同方案下的模拟结果进行分析。

8.3 进一步研究的建议

由于水平有限，本书研究仍有一些不足和需要进一步深入研究的地方，主要有以下两个方面。

①本书没有进一步研究城市生活垃圾系统中各主体之间的博弈关系。城市生活垃圾体系包括政府、生产企业、居民、环卫体系和废品再生体系五类主体，各主体之间存在着错综复杂的关系。笔者将继续研究主体间相互制约、相互作用的规律，以及主体间博弈均衡水平的路径选择。

②本书没有模拟人口因素变化下城市生活垃圾多级减量化系统的结果。人口是对生活垃圾产生量起主导作用的因素，本书由于其复杂性没有进行模拟分析，这也是需要进一步研究的内容。

参考文献

［1］ Walsh E, Babakina O, Pennock A, Shi H, Chi Y, Wang T, Cmedel T E. Quantitative guidelines for urban sustainability ［J］. Technology in Society, 2006（28）：45 – 61.

［2］ Kaplan P, Barlaz M A, Ranjithan S R. A procedure for life-cycle-based solid waste management with consideration of uncertainty ［J］. Industrial Ecology, 2006（8）：155 – 172.

［3］ Shmelev S E, Powell J R. Ecological – economic modeling for strategic regional waste management systems ［J］. Ecological Economics, 2006（59）：115 – 130.

［4］ Wu X Y, HuangG H, Liu L, Li J B. An interval nonlinear program for the planning of waste management systems with economics of scale effcets：a case study for the region of Hamilton, Ontario, Canada ［J］. European Journal of Operation Research, 2007（17）：349 – 372.

［5］ Dyson B, Chang N B. Forecasting municipal solid waste generation in a fast growing urban region with system dynamics modeling ［J］. Waste Management, 2006（25）：669 – 679.

［6］ Karavezyris V, Timpe K, Marzi R. Application of system dynamics and fuzzy logic to forecasting of municipal solid waste ［J］. Mathematics and Computers in Simulation, 2006（60）：149 – 158

［7］ Sufian M A, Bala B K. Modeling of urban solid waste management system：the case of Dhaka City ［J］. Waste Management, 2007（27）：858 – 868.

［8］ Huhtala A. A post – consumer waste management model for determining optimal levels of recycling and land filling ［J］. Environmental and Resource Economics, 2008 (10): 301 – 314.

[9] K L Wertz. Economic factors influencing households' production of refuse [J]. Journal of Environmental Economics and Management, 2006 (24): 263 – 272.

[10] R R Jenkins. The Economics of Solid Waste Reduction: The Impact of User Fees [M]. Brookfield, VT: Edward Elgar. 2008.

[11] D Fullerton, T C Kinnaman. Garbage, recycling and illicit burning or dumping [J]. Journal of Environmental Economics and Management, 2006, 29 (1): 78 – 91.

[12] D Fullerton, T C Kinnaman. Household responses to pricing garbage by the bag [J]. American Economic Review, 2007, 86 (4): 971 – 984.

[13] T M Dinan. Economic efficiency effects of alternative policies for reducing waste disposal [J]. Journal of Environmental Economics and Management, 2007, 25 (3): 242 – 256.

[14] H A Sigman. A comparison of public policies for lead recycling [J]. Rand Journal of Economics, 2009, 26 (3): 452 – 478.

[15] K Palmer, M Walls. Optimal policies for solid waste disposal: taxes, subsidies, and standards [J]. Journal of Public Economics, 2007, 65 (2): 193 – 205.

[16] K Palmer, H Sigman, M Walls. The cost of reducing municipal solid waste [J]. Journal of Environmental Economics and Management, 2008. 33 (2): 128 – 150.

[17] K Palmer, M Walls. Extended product responsibility: an economic assessment of alternative policies, resources for the future [R]. Washington: RFF Discussion Paper, 2007: 9 – 12.

[18] Fullerton Don, Tom Kinnaman. Household response to pricing garbage by the bag [J]. American Economic Review, 2006, 86 (4).

[19] Lisa A Skumatz, David J Freeman. Pay – as – you – throw (PAYT) in the US: 2006 update and analyses [EB/OL]. Http://www.epa.gov/payt/pdf/sera061pdf, 2006.

［20］Kelly T C, Mason I G, Leiss M W, Ganesh S, University community responses to on – campus resource recycling ［J］. Resources, Conservation and Recycling, 2006 （47）: 42 – 55.

［21］Domina T, Koch K. Convenience and frequency of recycling and waste, implication for including textiles in curbside recycling programs ［J］. Environment and Behavior, 2007 （34）: 216 – 238.

［22］张宏艳. 循环经济的"3R"原则在城郊城市生活垃圾领域的运用 ［J］. 生态经济（学术版），2010 （2）.

［23］叶青. 发展循环经济应该把握的关节点 ［J］. 环境保护与循环经济，2010 （3）.

［24］中国造纸协会. 2009 中国造纸工业产销形势分析 ［DB/OL］. 2010. http：//www. chinappi. org/hytj1. asp？ page = 2.

［25］北京凯发环保技术咨询中心. 关于北京市塑料废弃物现状的调研报告 ［R］. 2010.

［26］谢国帅，孔亚宁，徐志惠，刘数华. 废弃玻璃利用现状及其在混凝土材料领域的应用 ［J］. 混凝土，2010 （6）.

［27］王镇武. 废钢铁回收与加工体系建设分析 ［N］. 世界金属导报，2012 – 07 – 10.

［28］潘文举. 再生有色金属产业发展的应对之策 ［J］. 中国经济和信息化，2011 （11）.

［29］杨超. 食物生活垃圾处理应从源头减量 ［N］. 中国经济导报，2012 – 09 – 29.

［30］盛丽俊. 废旧电池回收存在的问题与对策探析 ［J］. 绿色科技，2012 （4）.

［31］傅建捷，王亚韡，周麟佳，张爱茜，江桂斌. 我国典型电子生活垃圾拆解地持久性有毒化学污染物污染现状 ［J］. 化学进展，2011 （8）.

［32］谢新源，毛达，张伯驹. 中国生活垃圾管理：问题与建议 ［R］. 北京：自然之友，2011.

［33］国家税务总局. 废旧物资回收经营业务的有关税收政策 ［J］. 中国资源综合利用，2003 （1）.

［34］徐福军. 基于物质流分析的区域循环经济评价［D］. 西安：西北大学，2011.

［35］张黎. 绿色兑换现身北京［N］. 中国环境报，2011 - 05 - 12.

［36］中国造纸协会，2010 中国造纸工业产销形势分析［DB/OL］. 2011. http：//www. chinappi. org/hytj1. asp? page = 2.

［37］金煜，王卡拉. "废塑料之都" 转型之路在何方［J］. 资源再生，2011（10）.

［38］李湘洲. 发达国家废玻璃回收利用经验及借鉴［J］. 再生资源与循环经济，2012（5）.

［39］张建玲. 有色金属行业生态化低碳经济产业链模型［J］. 中国有色冶金，2012（2）.

［40］王兴宇，曹华，孙大禹. 国内外厨余生活垃圾处理现状及技术综述［J］. 科技创新导报，2012（8）.

［41］张颖馨. 厨余生活垃圾减量分类减量更环保分类变资源［J］. 家用电器，2012（8）.

［42］王其藩. 系统动力学［M］. 北京：清华大学出版社，1994.

［43］丁婕. 北京市经济环境人口协调发展系统动力学仿真［D］. 北京：北京林业大学，2012.

［44］李魁. 人口年龄结构变动与经济增长［D］. 武汉：武汉大学，2010.

［45］刘国才，庞云杉，高华娜. 城市生活垃圾的循环经济处置模式［J］. 科技创新导报，2010（20）.

［46］北京市统计局. http：//www. bjstats. gov. cn/nj/main/2007 - tjnj/content/mV1_ 0301. htm

［47］北京市统计局. http：//www. bjstats. gov. cn/nj/main/2007 - tjnj/content/mV3_ 1503. htm

［48］Silvia Ulli - Beer，David F Andersen George P. Richardson. Financing a competitive recycling initiative in Switzerland［J］. Ecological Economics，2007，62（5）.

［49］王昕昕. 城市生活垃圾处理费收费管理系统［D］. 青岛：中国海洋大学，2007.

［50］陈海滨，胡洋，刘芳芳，李晓峰．城市生活垃圾分类收集引发的全民教育中的环境教育思考［J］．中国人口资源与环境，2011（11）．

［51］陆小成．城市生活垃圾减量化研究综述［J］．城市管理与科技，2011（2）：56－57．

［52］黄敏，孙庆宇．城市生活垃圾减量化技术与对策［J］．北方环境，2011（12）：114－116．

［53］魏建，姚红光，陆文华．上海城市生活垃圾减量化机制问题研究［J］．科学发展，2012（6）：82－95．

［54］陈秀珍．德国城市生活垃圾管理经验及借鉴［J］．特区实践与理论，2012（4）：69－72．

［55］赵丽君．城市生活垃圾减量与资源化管理研究［D］．天津：天津大学，2009．

［56］冯思静，马云东，关晓玲，刘佳妮．城市生活垃圾的减量化管理经济效益分析［J］．环境科技，2010（1）：75－78．

［57］袁开福，罗贵文．关于城市生活垃圾减量化和资源化的再思考［J］．商业时代，2010（34）：136－138．

［58］宋峻峰．城市生活垃圾处理问题研究［D］．南京：南京农业大学，2011．

［59］张帅．广州城市生活垃圾治理研究［D］．广东：华南理工大学，2013．

［60］陈琼．广州市城市生活垃圾分类管理政策研究［D］．成都：电子科技大学，2013．

［61］王正言．论城市生活垃圾的源头减量化［J］．大众科技，2006（1）：109－117．

［62］刘莉，李晓红，John Middleton Paul Lyons．加拿大城市生活垃圾的减量化管理［J］．环境保护，2007（20）：63－66．

［63］周兴宋．美国城市生活垃圾减量化管理及其启示［J］．特区实践与理论，2008（5）：66－70．

［64］朱武．我国城市生活垃圾管理立法的完善［D］．兰州：兰州大学，2012．

［65］周传斌，曹爱新，王如松．城市生活垃圾减量化管理模式及其

减量效益研究［C］. ∥科技部，山东省人民政府，中国可持续发展研究会. 2010 中国可持续发展论坛年专刊（二）. 2010（5）.

［66］薛娜. 浅析城市生活垃圾的减量化及资源化［J］. 中国资源综合利用，2005（2）：17 – 20.

［67］蒋桂萍. 城市生活垃圾的减量化管理探索［J］. 产业与科技论坛，2013（14）：219 – 221.

［68］陈洁，丁景艳，杨东梅. 城市生活垃圾减量化对策探讨［J］. 天津建设科技，2002（4）：41 – 43.

［69］钱宁. 我国城市生活垃圾收费制度研究［D］. 上海：华东政法大学，2010.

［70］周末. 城镇生活垃圾多级减量化初步研究［D］. 武汉：华中科技大学，2004.

［71］李宇军. 城市垃圾减量管理——破解"垃圾围城"［J］. 城市，2015（11）：43 – 47.

［72］胡献舟. 城市生活垃圾减量化调查分析［J］. 中国三峡建设，2003（11）：16，18.